镜遇

审梦师梦境分析手记

王邈 著

中国工人出版社

图书在版编目（CIP）数据

镜遇：审梦师梦境分析手记 / 王邈著. —北京：中国工人出版社，2022.7

ISBN 978-7-5008-7941-1

Ⅰ. ①镜… Ⅱ. ①王… Ⅲ. ①梦 - 精神分析 Ⅳ. ①B845.1

中国版本图书馆CIP数据核字（2022）第111769号

镜遇：审梦师梦境分析手记

出 版 人　董　宽

责任编辑　葛忠雨

责任校对　丁洋洋

责任印制　黄　丽

出版发行　中国工人出版社

地　　址　北京市东城区鼓楼外大街45号　邮编：100120

网　　址　http: //www.wp-china.com

电　　话　（010）62005043（总编室）（010）62005039（印制管理中心）
（010）62379038（社科文艺分社）

发行热线　（010）82029051　62383056

经　　销　各地书店

印　　刷　三河市东方印刷有限公司

开　　本　880毫米×1230毫米　1/32

印　　张　12.5

字　　数　265千字

版　　次　2022年9月第1版　2022年9月第1次印刷

定　　价　48.00元

审　梦

往事曾纾印迹痕，若非感动难当真。
半压半抑积疑虑，欲解其围必探根。
幻象迷形怀怎释？奇思妙审静心闻。
深研伏虎降龙技，一语惊醒梦中人。

前言 | PREFACE

前言虽然写在书的最前面，但往往在最后才写成。在这里，我重点想谈三个问题：创作本书的初心、阅读的注意事项以及审梦的技术要点。

记得在五年前，我出版了第一本与梦有关的专著《释梦：认识未知的自己》。在这本书里，我重点对自己在释梦领域十多年的实践经验和心得体会进行了总结概括，提出了梦境分析的三个层次：解梦、释梦、审梦。有些读者对审梦的提法非常感兴趣，询问我是否能写一本关于审梦的书。我回复："能！"

两年后，书写成了，我给它命名为《审梦：寻找真实的自己》，算是第一本书的姊妹篇。当我把书稿提交出版社后，书稿被接受了，但书名被否决了。后经反复协商，书名被改成了《梦的解析：从释梦到审梦》。尽管"审梦"没有出现在主书名里，但我给读者的承诺算是勉强兑现了。

2019 年初，北京著名编剧晓亮反复研读了我这两本书后，决定与我合作，将书中涉及婚姻情感类的梦例改编成一个个鲜活的审梦故事，并录制成广播剧。我把它命名为《审梦师手记》。2020 年 6 月，广播剧

《审梦师手记》在喜马拉雅平台上成功播出，获得众多网友的一致好评，评分高达 9.8 分。

于是，我决定将近年来分析过的婚姻情感的梦例整理成书，以手记的形式写一本相关著作。我之所以选择婚姻情感类的梦例，主要有三个方面原因：一是婚姻情感类的梦例数量比较多；二是婚姻情感类的故事受众比较广泛；三是婚姻情感问题是许多问题的核心，且最能引发读者的认同和共鸣。

作为一名普通读者，阅读这本书时应该注意哪些问题呢？

首先，要了解一些与梦境分析有关的理论知识。这些知识在我之前所写的那两本书中已经详细介绍过，此处不再赘述。如果你了解一些与梦有关的心理学知识，读起本书来就会感到轻松、流畅些；如果你既不懂心理学，又没看过我写过的书，更没有分析梦境的相关经验，阅读本书时就要多看看书中的小贴士了。

其次，要做一些阅读前的准备工作。用手机给梦例原文拍一张照片，在阅读过程中，可以一边对照梦例原文，一边体会分析过程，这样你就不需要总是翻看前面的内容，从而保持阅读的流畅性和节奏感。我之所以建议大家这么做，是因为我写完初稿后让一些读者试读，他们居然也不约而同地采用了这种阅读方法。

最后，要深刻理解审梦的特点。审梦既是一种高级的梦境分析理念，又是一种具体的梦境分析技术。审梦师需要按照逻辑关系对梦境有计划地进行不同角度、不同层次的系统提问，引导梦者从多个视角审视梦境。梦者被提问扰动后，会适时地改变思考方向，进而自发地重组认知，最终促成梦的领悟。审梦过程兼具人本主义和精神分析两大心理学派的特征，可以最大限度地激发梦者的积极性，有效地防止审梦师的主观投射，从而减少唯心主义思维的束缚，增强分析过程的中立性和客观性，有利于梦者更加自主地探索未知的心灵世界。

接下来，我将结合个人审梦实践，重点谈一谈审梦过程中需要注意的十大技术性问题，这对读者更好地理解审梦过程至关重要。

第一，提问不能太主观。在审梦过程中，审梦师需要用许多问题来支撑分析过程，这些问题的客观程度直接决定了审梦的效果。通常，这些问题主要有三个来源：一是与梦者个人情况有关的问题，包括年龄、职业、学历、婚姻、家庭、近况等；二是与梦境内容直接相关的问题，主要是审梦师针对梦境设计的问题；三是审梦师在与梦者沟通过程中随机设计的问题，这些问题很灵活，也很有针对性。在这三类问题中，任何不恰当的提问都可能会导致主观投射，尤其以第三种为甚。确保审梦师始终能客观提问的最好方法就是，审梦师不要依据个人喜好确定提问脚本，不要撇开梦者的回答贸然发问，而要从梦者的回答中捕捉关键信息，灵活设计提问脚本。审梦师究竟要提什么样的问题，并不取决于自己脑子里面有什么问题，而取决于梦者对上一个问题是怎么回答的。

第二，让梦者把话说完整。审梦过程中，如果梦者出现欲言又止、吞吞吐吐的现象，审梦师不要忽略这些现象，不要随意改变梦者谈话的方向，更不要急于表达自己的观点，而要先耐心地等待和鼓励梦者把话说完整，再根据分析的需要适时地引导。这是因为欲言又止、吞吞吐吐的状态很接近潜意识层浮现到意识层时的状态，而审梦的工作在很大程度上就是要借助审梦师的提问，让梦者把隐藏在潜意识中的内容提升到意识层面，进而促进自我觉察、自我领悟和自我认识。

第三，不要轻易放过口误。与精神分析一样，审梦过程中的口误从来就不是小问题，其背后的无意识动机往往更值得探究和分析。如果发现梦者出现口误，审梦师最佳的处理办法就是即时讨论、迅速面质，引导梦者说出原本想要表达的意思，并探寻其背后的无意识动机。这是精神分析师的基本功，也是审梦师的“必杀技”。如果说梦境是一间黑屋门上尚未开启的锁，那么口误可能就是打开这把锁的金钥匙。

第四，倾听之后要共情。在梦的分析过程中，审梦师的倾听至关重要，直接关系到审梦的效果。如果审梦师在倾听了梦者的情感表达之后还能巧妙地共情，那么，这两种做法的效果便会自行叠加，从而加深梦者和审梦师之间的信任关系。反之，如果梦者的倾诉欲望受阻，得不到充分表达，就会很容易形成阻抗，进而影响审梦的进程。

第五，离奇背后有文章。离奇的梦境往往难以从表面上找到审梦的突破口，却很容易引起人的兴趣。离奇的梦境所要表达的意思往往并不离奇，而且很重要，所谓离奇，只是潜意识为了引起梦者的关注而将梦加工成这个样子而已。对于离奇的梦境，若涉及人物，首先判断其是不是原型人物，其次应考虑是否使用了置换、凝缩或子人格等机制；若涉及罕见的事物，则应重点考虑其特殊的象征意义；若涉及情绪，则要考虑梦者是否在夸大或压抑某种现实的情绪体验；若涉及无意义的生活琐事，则重点要从梦境呈现形式的角度来考虑梦的结构中所蕴藏的意义。审梦师只要思路正确，提问得当，就能揭示离奇背后的原因；如果只是一味地沉浸在奇妙的离奇情节中，放弃探索，避重就轻，就永远也无法揭示离奇背后的故事，更无法给梦者以启发和指引。

第六，应对阻抗要巧妙。一般来说，梦者寻找审梦师来分析梦，这表明其有主动求助的意愿，但这并不代表梦者愿意毫无保留地和盘托出。绝大多数梦者在审梦时都怀有矛盾的心理，他们既想让审梦师准确而快速地分析梦境，又不愿提供更多信息，进而产生阻抗。在审梦过程中，预防和消除阻抗的常用方法有四种：一是耐心倾听之后及时共情；二是审梦师给梦者耐心地做出解释；三是绕开敏感问题，有计划地跳跃式提问；四是以退为进，接受并包容梦者的攻击，引导梦者多表达。阻抗并不可怕，并非死结，有时候阻抗的背后恰恰隐藏着最佳突破口。

第七，突破卡点再梳理。“卡点”就是经常把梦者和审梦师都难住、使梦无法被顺利分析下去的地方。虽然卡点一般都可以被突破，而且能让梦者有所领悟，但是击破卡点的过程有时会吸引梦者和审梦师大量的注意力，从而对梦的全局理解不系统、不深刻。从我的分析经验来看，在突破梦中的卡点之后，如果还能引导梦者对整个梦境进行梳理分析，从段落布局和排列顺序来探寻梦中暗含的信息，将更有利于揭示梦的深层意思。

第八，探寻梦眼很关键。每个人都有眼睛，借助眼睛，人们可以看到外界的事情。梦也有自己的“眼睛”，我们将其称为“梦眼”。借助梦眼，审梦师和梦者可以快速而准确地通视全梦。不过，梦眼不会像人的眼睛一样直接裸露在外面，而会被隐藏起来。一旦找到梦眼，审梦工作便可一路通行，势如破竹。梦眼可能是梦中的人物，也可能是梦者的情绪，还有可能是梦中的事物，等等。总之，能够通视全梦的突破口皆可被称为梦眼。

第九，学会留白有必要。学习过画国画的人都知道，留白是一个很重要的技术，也是国画艺术的重要组成部分。审梦也是如此。虽然审梦师会尽可能满足梦者的要求，分析梦中的疑点、难点，以促进梦者的领悟，但是密集的分析也可能会让梦者产生压抑感。因此，审梦师学会适当留白，给梦者一些自我思考的空间，对于梦者在审梦结束后继续领悟、理解具有重要意义。

第十，自我修炼很重要。审梦，从来都不是一件轻松的事情。审梦师就像一只游在水面上的鸭子，表面上悠然自得，水面下的双脚却从未停歇。在整个审梦过程中，审梦师表面上泰然自若，实际上眼观六路，耳听八方，大脑还要飞快转动，随时分析来自梦里梦外、语言和肢体语言、意识和潜意识的信息，而且还要快速做出正确的分析与判断，并及时做出回应。作为审梦师，自我修炼不仅要注重理论和技术的学习，还要坚持自我成长和人格完善，如此方能成为优秀的审梦师。

以上十条是我在长期审梦实践过程中的心得和经验，我建议大家在阅读本书时，结合书中的梦例分析过程逐一对照理解，以便增强阅读效果。

还需要特别说明的是，书中所有引用的梦例均已征得梦者本人同意，在此向他们的无私奉献表示衷心的感谢和诚挚的敬意。为了保护梦者的隐私，我将梦者的真名和网名隐去，采用我重新命名的昵称来替代，如有重名，纯属巧合；另外，对梦例中所涉及的人物、地点、敏感情节也进行了脱密处理，若有雷同，绝非故意。大家切勿对号入座，特此说明，敬请理解。

最后，感谢我的硕士生导师蒋一斌教授在本书写作过程中给予的亲切指导和大力支持；感谢各位同学、朋友、读者、学员、网友在本书写作前后给予的启发讨论和持续鼓励；感谢张薇、李然菊、高燕、谢艳蓉、王金军五位老师在本书校对过程中付出的辛苦努力和无私奉献！他们都具有丰富的梦境分析经验，也是审梦技术的忠实践行者！我将坚守初心、不骄不躁、继续努力，为大家奉献更多更好的作品。

2021 年 11 月 18 日于咸阳

目录 | CONTENTS

1

失控的滑板

三月的古城，暖阳普照，微风拂面，舒爽宜人，整个城市的容貌焕然一新。曲江南湖，玉兰绽放，垂柳抽丝，红梅斗艳，一派春意盎然的景象。

古城第一高楼——理想大厦坐落在南湖的西北角。审梦研究中心位于理想大厦顶层，拥有一个环形的独立空间，室外左右两侧各有一个独立的小花坛，里面的花草种类繁多，参差有致；室内总面积约 360 平方米，包括两个独立的审梦工作室、一个梦境研究展览室、一个主题创作室、一个小型研讨室、一个来访接待室。从大厅阳台的窗户看出去，方圆二十公里内没有任何遮挡物，视野开阔，举目可远眺巍峨绵延的秦岭山脉，低头可俯瞰川流不息的芸芸众生。各个房间里，绿植、摆件、家具搭配协调，色彩柔和，让人耳目一新，精神一振。凡来此处者，纵有各种心理困惑、疑难梦境，不出一刻钟便能身心俱静，气聚神凝，甚至会自我开悟，豁然开朗。

今年开春，研究中心来了两个实习的研究生，一个叫苗审严，一个叫汪梦谨。他们都对梦的分析痴迷，于是在硕士生导师的推荐下，过来一边实习，一边写毕业论文。

上午，桃不言已经提前预约了九点到十点的时段。她二十六岁，未婚，教师，天生丽质，聪颖可人。追求她的男生很多，可她一直无法全身心地投入，每次恋爱皆半途而废。近来，她总是反复做同一个梦，感觉其中可能有深意，于是多方打听找了过来。我提前十分钟到达研究中心，刚刚做好准备工作，就听见有人敲门，我想应该是她来了。苗审严正要起身，我挥手阻止他，独自走过去开门。

桃不言：你好，我找抚心人老师，我已经预约过了。

抚心人：我就是，快进来吧！你是桃不言？

桃不言：是我，老师，你好！

抚心人：你好！

桃不言：我关注你已经很久了，你写的两本关于梦的书，我都买了，前几天刚看完，觉得你在这方面是权威，所以，想请你帮我分析一个梦。

看来她是有备而来。之前来找我分析梦的人好多也是因为看过《释梦：认识未知的自己》和《梦的解析：从释梦到审梦》这两本书，才对梦产生了兴趣。我一边听她说话，一边示意她进审梦工作室。说话间，我们已经坐下。她用期待的眼神看着我，让我瞬间产生了一种被信任的感觉。

抚心人：算不上权威，有兴趣而已，谢谢你的关注。你做了一个什么样的梦？

桃不言：这个梦，我最近半年多反反复复做了很多遍。起初，我并没有太在意，看了你的书后，我觉得这个梦可能非常重要，我自己也分析过，还找了几个心理学老师聊过，大家的说法都不太一样。我不仅没有豁然开朗的感觉，反而更加疑惑了。

抚心人：能详细地讲一讲这个梦吗？

桃不言：好的。这个梦是这样的。晚饭后，我和琳琳一起在学校的操场上散步。突然从一棵大树背后跳出几个黑影，挡住了我们的去路。他们说要现场举行跑步比赛，奖品就是我和琳琳。那意思好像是说，谁赢了比赛，谁就拥有我们俩。我觉得挺有意思的，就答应了。但是琳琳并不同意，她好像很有顾虑。就在我们不知如何是好的时候，他们几个已经开始跑了，速度越来越快。此时，不知为何，我和琳琳突然出现在终点，手里还拿着鲜花，意思是，谁先拿到花，谁就获得胜利。我们站在一个长方形的滑板上，在观看他们跑步比赛的同时，两双手紧紧地握在一起，一副很害怕、很紧张的样子。他们几个人一会儿这个领先，一会儿那个领先，但是不管谁快要到达终点的时候，我和琳琳脚下的滑板都会突然往后猛地退出去好几十米远，好像根本不受控制。我们俩一连打了好几个趔趄，但始终安然无恙。只见他们几个一会儿停下来拼命喘气，一会儿又加速奔跑。我们脚下的滑板突然失控，猛地往后退去。我没有站稳脚跟，差点儿摔倒。然后我突然醒了。

听她讲完这个梦后，我最好奇的地方就是这几个黑影。黑影的意义比较丰富，我决定从这几个黑影着手。

抚心人：嗯！这个梦有点儿意思。梦中的这几个黑影都是些什么人？

桃不言：具体是谁，我也不清楚，但我大概知道他们都是男的，好像都很擅长运动。

抚心人：男的！擅长运动！那可能会是什么人呢？

桃不言：梦里看不清楚！我一时还想不到他们是谁。

抚心人：想不到具体是谁，也不用着急。梦中的黑影究竟有几个呢？

桃不言：三个吧，感觉应该是三个吧！

她虽然一脸疑惑，嘴上也不是特别肯定，但一直在点头。于是，我相信应该就是三个人。

抚心人：三个人一起进行跑步比赛能让你联想到什么？

桃不言：没有什么跑步比赛会是三个人吧。呃……三人制篮球赛算不算？前几天，我们学院刚举办了一场三人制篮球赛。

抚心人：你参加了吗？

桃不言：我没有参加。不过，我男朋友参加了。我是啦啦队队长，专门负责组织同学们给他们加油助威。

抚心人：你男朋友？

桃不言：对，他叫罗一浮，大家都叫他浮子。他参加比赛了，而且是主力队员。

抚心人：浮子他们篮球队里还有谁？

桃不言：另外两个人都是他宿舍里的，一个叫虎子，另一个叫小江。他们三个人平时就喜欢在一起打篮球，相互配合默契，比赛的时候，他们一直在一个队里，应该是一种稳定的合作关系……可是梦中的三个人是竞争关系！

抚心人：是呀！你的觉察很到位！所以，梦中的三个黑影不太可能是浮子、虎子和小江三个人。你再换个角度想一想，什么样的比赛会以你和琳琳为奖品呢？

听了我的提示，她在大脑中努力地搜寻着，眼珠在眼眶里滴溜溜地转，一会儿从左到右，一会儿再从上到下，似乎想到了许多东西，但又难以判断。忽然间，她停止转动眼珠，盯着我看。

桃不言：难道……难道是在说我的恋爱？

抚心人：你的恋爱？

桃不言：很有可能。

抚心人：你的恋爱怎么了？

桃不言：我一共正式谈过三场恋爱，追求我的男生就是三个人。

抚心人：哪三个？

桃不言：一个是我们学校经管院的同学浩子，一个是我原单位的同事小李，还有一个就是我现在的男朋友浮子。

抚心人：很好！关于你与三个男生之间的关系，你能说得再具体一些吗？

桃不言：当然可以。你能不能提示一下我，大概说哪些方面？

抚心人：关于他们三个人，你能想到的，或者你认为有用的，都可以说，行吗？

她稍稍停顿了一下，轻轻地端起桌子上的杯子，喝了一小口水，身体略微向左侧倾斜了一下，尴尬地笑了笑，然后把头抬起来。

桃不言：行。我一个一个说吧。第一个追求我的男孩就是我们学校经管院的同学浩子，他也是我的高中同学，与我同级不同班。我们是在高一下半学期的一场演讲比赛中认识的，认识时间不长就无话不谈了。高中三年，我们相处得不错。我知道他喜欢我，但是为了学业，他什么都没有说，我也没有问，就这么似恋非恋地度过了高中三年。高考结束后，我报考了一所知名大学的汉语言文学专业。他原本想报北京的一所高校，但是为了和我在一起，他放弃了原来的打算，和我报考了同一所大学，不过，他选择了经济管理专业。幸运的是，我们都如愿以偿地考上了报考的那所大学。大一的时候，我觉得和他相处挺平稳的。但是，到大二上学期末，当他得知我们班里先后有好几个男孩向我示好之后，他就坐不住了，找了一个机会向我表白，让我做他的女朋友。我以学业为借口拒绝了他，他并没有特别生气，与我继续保持着不远不近、不冷不热的关系。当然，我也没有答应别的男孩。就这样，到了大四第一学期结束的时候，大家都准备找工作了，他又一次向我深情地表白，我又一次拒绝了他。

抚心人：你真的一点儿也不喜欢浩子吗?

桃不言：不是。其实，我挺喜欢浩子的，可是不知为什么，我就是不想答应做他的女朋友。那一次，他非常生气，之后连续好几年他都没有联系过我，我也没有主动联系过他。似乎他的离开对我并没有什么影响，只是心里觉得空落落的。另外，每次想起他，我都对他有一种愧疚感。听同学说他大学毕业一年后又读了研究生，今年刚毕业，在北京的一家上市公司找到一份不错的工作。三个月前，他从同学那里要了我的微信，突然又联系我，而且很热情。我虽然心里挺高兴，但还是有点儿不知道如何与他相处，于是就像以前一样随便应付着。而他却表现得很执着、很热情。我心里总有一种隐隐的担心。

抚心人：你担心什么?

桃不言：我担心……我担心，如果我热情地回应他，他就会以为自己还有机会，一定会再来找我。

抚心人：你已经不喜欢他了吗?

桃不言：不，喜欢。他是我喜欢的那种男孩，但是……

抚心人：但是什么?

桃不言：但是，我不能让他知道我还在喜欢他。因为他如果知道了，就一定会再回来找我，让我做她女朋友，可我不想结婚。

说到这里，她慢慢地低下头，好像这么说让她感到很尴尬、很羞愧。我判断，这其中一定有隐情。于是，我想进一步澄清问题。

抚心人：你是不想这么早结婚，还是不想结婚？

桃不言：我也不知道，我总是感到害怕。

抚心人：结婚对你来说意味着什么？

桃不言：婚姻是爱情的坟墓。我只需要爱情，不需要婚姻，而且我需要的爱情也很简单，很纯洁。我这么做并不是只针对浩子，我对第二个追求我的男孩也是这样的态度。

她已经提到了第二个男孩，看来关于她与浩子之间的问题得先放一放了，尽管我还有许多疑问。眼下先问问第二个追求她的男孩，才最符合她此刻的表达意愿。

抚心人：那就说说第二个追求你的男孩吧！

桃不言：好的。大学毕业后，浩子去了北京，我去了一所中学上班。工作不到半年的时间，就有一个同事小李来追求我。我不太喜欢小李。他是我们学校的体育老师，比我早来两年，大我三岁，爱抽烟，好喝酒，易冲动。不过，小李这个人很讲义气，人际关系好，热情大方，在工作上经常主动帮助我，向我示好。可能那段时间我太寂寞了，于是半推半就、稀里糊涂地和他交往着，但关系并没有什么发展，也就是保持着好朋友的那种感觉。我记得，我刚去学校的那年年底，学校搞元旦晚会，我们年轻老师都上台表演了节目。谢幕的时候，他突然冲上舞台，当着全校教职工的面向我表白，让我做他的女朋友。搞得我猝不及防，惊慌失措。我非常生气，气不打一处来，转身就下台了。现场的气氛尴尬极了。事后同事们都说我做得不对，太不给小李面子了。可是，我当时不知道为什么会这样做。事后，我感到非常不好意思，给他发信息做了解释。我说我暂时还不想谈恋爱。他起初没有回复我，几天后回了信息，表示了对我的理解，并说等我想好了，可以随时联系他。

抚心人：那你是怎么做的？

桃不言：我也回复了信息，表示了对他的感谢。之后没再说什么。我怕说多了，他又会误解。其实……

抚心人：其实什么？

桃不言：其实，我没有答应他还有一个原因，我不甘心这辈子就待在这所中学工作，所以，我一直都在“明修栈道，暗度陈仓”。

抚心人：明修栈道，暗度陈仓？

我满脸疑惑地重复了一下她的话，并注意观察她的表情，鼓励她继续说下去。

桃不言：从进入单位的第二年起，我就在悄悄地复习考研，最终，我顺利地考回母校，继续学习我最喜欢的汉语言文学专业。我入学之后，小李还经常联系我。我一般都不会多说，只是客气地聊一聊，问问工作，鼓励他继续深造。他也不过多纠缠，只是希望我将来还能回去，有什么事需要帮助，可以随时联系他。听他这么说，我挺感动，心里非常愧疚。

抚心人：他还在等你？

桃不言：是的。我担心他反复纠缠，而实际上，他没有反复打扰我，只是每隔一段时间就联系我一次，以表示他的存在。我没太在意，每次都应付着，我的精力都集中在学习上了。不过，好景不长，我又遇到了新问题。

她说话的节奏掌握得很好，问题几乎是递到我嘴边，我感到很轻松。

抚心人：什么问题？

桃不言：就在我研一结束时，又有一个男孩追我，他就是我现在的男朋友浮子，他和我是同班同学。浮子这个人心不浮，气不躁，心地善良，阳光帅气，勤奋刻苦，成绩优异。我们很能谈得来，尤其是在讨论专业问题时，我们常常会看法相似，产生共鸣。这让我对他产生了与众不同的好感。当然，他在生活上也很照顾我。两个月前，我不小心崴脚了，有点儿轻微骨裂，他坚持给我送了一个月的饭，打了一个月的开水。我真的很感动。上周三晚上，他约我去散步，走着走着，我隐约感觉到他准备向我表白，吓得我赶紧岔开了话题，找机会逃回宿舍。他很郁闷，但没办法，只能继续等待时机。我知道，他没有错，是我出了问题。可是我不知道该怎么处理这种关系。自从做了这个梦以后，我隐隐地觉得我的问题和这个梦是有关系的，却理不出个头绪来。老师可要帮助我好好分析一下这个梦。

抚心人：我会协助你理解这个梦的。不过，你才是梦的主人，只有你最了解梦的真相，所以，能不能理解这个梦，主要还是靠你自己。

桃不言：我明白，老师放心，我一定会尽全力的。

抚心人：讲完三个男性朋友的事情后，不知你对梦中的这三个黑影是否有了一些理解？

桃不言：其实，刚才还没讲完，我就已经有些明白了。这三个黑影可能就是我的这三个男性朋友。

抚心人：为什么他们三个人在梦里都是黑影呢？

桃不言：我觉得这可能表示我不愿意去面对这三个人吧，所以看不见他们的样子，只知道大概是三个男的。

看她理解得有些味道，我想趁机再加点儿难度，一方面可以激发她的热情和动力，另一方面也可以加快分析的进程。

抚心人：为什么梦中刚开始说有几个黑影，最后你却认为是三个呢？

桃不言：或许梦主要强调的是这三个人，实际上还有其他人，但并不那么重要。

抚心人：除了这三个男孩，还有其他男孩子追求你吗？

桃不言：有，当然有。不过，我根本就没当回事。所以，梦中说几个人，虽然模糊，却符合事实；而强调三个也是正确的，因为这三个人对我的影响最大，与我的关系最深。

抚心人：领悟力不错！还有一个问题，我非常好奇，可以问一下吗？

桃不言：当然了，老师您随便问！

本来我想直接问“你有没有做好恋爱和结婚的准备”，但突然觉得这样问有些唐突，她可能没做好心理准备，毕竟，这句话是我的理解，而不是她的领悟。于是，我决定临时换一个方向。

抚心人：你的这三个男性朋友之间相互认识吗？

桃不言：隐隐约约知道一点，但都没有见过面。

抚心人：那为何三个人会在一起竞争呢？

桃不言：我觉得可能是我自己感觉他们三个人在相互竞争，所以就把他们安排到一起了。

抚心人：也就是说他们之间在竞争只发生在你心里，对吗？

桃不言：是的。我觉得他们都对我好，一个就在身边，一个站在远处，一个即将要回来，他们之间的竞争虽然没有出现在同一空间，却已经同时出现在我心里了。

抚心人：就你感觉而言，你更倾向于谁？

桃不言：我不知道。

抚心人：那你的真实想法是什么？

桃不言：我觉得我真的没有做好选择的准备！

抚心人：也就是说，无论他们在比赛当中如何卖力，比赛成绩如何，最终都无法得到你手中的花，是吗？

她突然抬起头吃惊地看着我，好像听到我这么说，感到很意外。她若有所思地沉默了几分钟后才开口说话。

桃不言：是的，这就像在梦中，我还没有做好准备，就稀里糊涂地出现在终点的滑板上。我并不会玩滑板，更不用说控制滑板的速度了。

抚心人：所以滑板会不受控制地突然向后退去？

桃不言：是的。我不知道这究竟是怎么回事，总感觉好像有一股力量在左右着我。

这是一股什么样的力量呢？我非常好奇，但她没有说，我也不能随便猜测。不过，我隐隐约约地感觉到，这股隐蔽的力量背后可能会涉及非常重要的东西，甚至这就是这个梦所要表达的核心所在。我越来越有兴趣了。

抚心人：你手里拿的花是怎么回事呢？

桃不言：是呀，为什么我手中要拿花呢？是要向他们中的获胜者献花吗？还是说我想……

抚心人：你想怎么样？

桃不言：我想引诱，不，我想吸引他们？

审梦手记

口误是审梦中常见的现象。按弗洛伊德的分析，口误的背后通常都会隐藏着重要的潜意识动机，不能随便放过，而且要即时讨论，以免错过最佳分析时机：口误出现的当下。

抚心人：你认为，“引诱”和“吸引”这两个词有什么区别吗？

桃不言：呃，我觉得，吸引是中性词，引诱好像有点儿贬义；另外，吸引表示我是被动的，引诱则表示我是主动的。我应该是被动吸引他们才对，怎么会主动引诱他们呢？

抚心人：那有没有可能你曾经有过隐晦地引诱他们的行为或语言，而你自己并没有觉察到？

看我对这个口误如此在意，她又一次沉默了，脸上掠过一丝尴尬的微笑，同时轻轻地用手把鬓角的头发向耳朵后面捋了捋，微微低下头，目光盯着茶几上正在缓缓流动的沙漏。又是一阵沉默，我感觉，她的戒备心已经有所松动了。我不想步步紧逼，只是耐心地等她说话。

桃不言：老师，你要这么说，我想，应该，可能，或许有一些吧。

抚心人：能说来听听吗？

桃不言：当然可以。我说几个我能想到的事情，你帮我判断一下，看看这些行为算不算是引诱。我和浩子认识得比较早，记得在研一放寒假那天，我们闲聊时，我对他说过："我只需要有一个人远远地守护着我！"他回应："我愿意成为那样的守护者。"还有，那年夏天，我们单身老师的宿舍里蚊虫很多，我曾经让小李帮我安装床头蚊帐，还曾经在深夜请他帮我买过退烧药。至于浮子，我觉得最值得一提的就是我崴脚之后，主动让他帮我打过一次开水。我本来只想让他帮我打一次就好，没想到他强烈要求照顾我。我没有拒绝，就算默许了，我的确需要一个人来照顾。老师，我自己没有明显的觉察，只是根据自己的感受行事。你认为我的这些表现有引诱他们的意思吗？

抚心人：呵呵，这算不上引诱，但至少传递了一些容易让他们误解的信息。你有没有意识到？

桃不言：我并没有意识到。你这么一说，我才突然意识到我可能不小心向他们传递了一些暧昧的信息，或者说给了他们一些"可乘之机"。照这样说的话，梦中我拿着花，那应该有点儿要诱惑他们的意思。可是，我并没有丝毫的察觉。不像琳琳，她警惕性非常高，如果我能像她一样，可能就不会出这些问题了。

她突然间提到了琳琳，我想是时候该问问琳琳了。

抚心人：琳琳是一个什么样的人？

桃不言：琳琳是我的舍友，也是我的好朋友。她身材很好，气质优雅。她平时不喜欢男孩子靠近她，虽然追求者无数，但她的自律性和独立性特别强，至今只谈过一次短暂的恋爱。一句话，她和男孩子交往非常谨慎，很少“引诱”别人。我很佩服她。

抚心人：你感觉自己和男孩子交往谨慎吗？

桃不言：我也很谨慎呀。正因为如此，我们俩才能成为好朋友。可是，不知为何梦里的我显得并不那么谨慎。

抚心人：或许，你的性格中有谨慎的一面，也有不谨慎的一面。谨慎的一面就像琳琳一样，而不谨慎的一面，或许也是你真实的一部分。你觉得呢？

桃不言：我的确有时候也有这种感受，也许琳琳代表了我谨慎的一面。其实，我本想做一个温柔随和的人，并不喜欢自己平时谨小慎微的样子。所谓的谨慎，都是父母逼出来的。

她突然提到了父母，我略感吃惊，但也有一丝欣慰。我觉得探讨她和父母关系的时机已经成熟了。

抚心人：你的谨慎都是父母逼出来的？

桃不言：是的。简单地说，我的谨慎与他们的关系非常密切，不过，说来话长，你愿意听吗？

抚心人：你愿意说吗？

桃不言：当然愿意！我尽量说简单点儿，我的家庭是一个三口之家。在外人看来，我们一家人过得很幸福，父母工作稳定，经济收入不错，但实际上，我一回到家里就感到窒息，一点儿也不幸福。记得小时候，大概就是我上小学三四年级的时候，父母经常吵架，甚至还动过好几次手，而且都是当着我的面。

说到这里，她突然停顿了一下，有些哽咽。我的目光停留在纸巾上，但她并没有流泪。于是，我继续发问。

抚心人：你父母一般会因为什么事情吵架？

桃不言：在我的记忆中，他们吵架，一般起因都是一些提不上桌面的家庭琐事。通常先是我妈妈没完没了地唠叨我爸爸，唠叨着、唠叨着就开骂了。我爸爸一般能忍就忍了，实在忍不了，就会动手打我妈妈，然后两人一起砸家里的东西，再然后就会分居、闹离婚。尽管每次都离不了，但是几乎每次都会闹到吵着要离婚的地步。我知道，无论吵到什么程度，我妈妈都绝对不同意离婚。在她的观念中，两个人一旦结婚，就要过一辈子，她的字典里就没有“离婚”

这两个字。其实我爸爸也有这样的观念，只是从来不说出来。正因为我摸清了这个规律，之后他们再吵架，我心里就没有想象中的那么害怕了。据我观察，他们一般吵到最后就是冷战，冷战大约会持续一个月。在这段时间里，妈妈一定会向我哭诉，吐槽我爸爸如何如何没本事，对她如何如何不好，对家庭如何如何不负责任，责怪我爸爸永远都把别人家的事排在第一位，自己家的事放在后面，为了博得别人的好感和赞扬，简直是死要面子活受罪。此外，我妈还嫌弃我爸坏习惯太多，爱抽烟、爱喝酒、不讲究卫生等。总之，我妈给我留下的印象就是，她这辈子嫁给我爸这样的人算是全毁了，一点儿幸福感也没有。她还反复告诫我，等我将来找对象的时候，一定要谨慎，一定不要着急，一定要找一个心地善良、生活习惯好、对家庭负责任的男人，千万不能找一个像我爸那样的人。

抚心人：你第一次听到这样的哭诉、吐槽和告诫大概是在什么时候?

桃不言：是在我十岁生日那天，我记得很清楚。那次，爸爸和妈妈正在冷战，爸爸住在我奶奶家，正好碰上我过生日，爸爸忘记了，妈妈却记得。她给我买了一个小蛋糕，蜡烛还没有吹灭，就对着生日蛋糕开始向我诉苦、吐槽、告诫，反反复复，没完没了。那一次过生日，我丝毫没有快乐的感觉，心情变得更加沉重了。十岁以后，我就再也没有在家里过过生日。

说到这个地方，我注意到她的眼角已经湿润，眼泪止不住地往外流。我扯出一张纸巾递给她，她小声说了声“谢谢”，又一次低下头。

抚心人：你小时候过得真不容易呀！

桃不言：是呀。我很佩服自己在这么糟糕的家庭环境中成长，却依然坚强、乐观。

抚心人：你的父母现在还在争吵吗？

桃不言：没有，现在已经变了，而且变化很大。

抚心人：这个变化是从什么时候开始的？

桃不言：从我上高中的时候开始的。

抚心人：在你上高中的时候，发生了什么样的事情，让他们有了很大的变化？

桃不言：我上高二的时候，经同事推荐，我妈妈报考了心理咨询师的培训课程，开始学心理学。说起来，我真得感谢心理学。自从我妈妈学习了心理学，她就开始改变了。这也可能与我妈妈接受了一年多心理咨询有关。当然，在咨询师的邀请下，我爸爸也参加了好几次。他们的变化真的挺大。我爸爸完全戒掉了烟，酒也喝得少了，而且学会了做饭。虽然现在我妈妈偶尔还会生气，但持续的时间一般不超过三天。最令我欣慰的是，他们再也没有打过架、砸过东西。现在，我跟他们打电话或者回到家里，心情放松了许多。

抚心人：父母有这么大的改变了，那你呢？

桃不言：我？我并没有那么容易改变，即使有改变，也不会那么快！

她的脸上闪过一丝苦笑。或许她不是不想改变，而是不知道如何改变？真的是这样吗？我得先澄清她的意思，看看她是否有了新的想法，再伺机而动。

抚心人：你是说，他们之前的关系对你的影响依然还有？

桃不言：是的。我觉得过去的影响早已刻到我骨子里去了，我不是夸大影响，他们之前对我的影响依然存在，只是变得模糊了而已。或许，这些影响已经化作一股无形的力量左右着我，根本不受我的意识控制。老师，我这么说，你能理解吗？

抚心人：就像梦里引起滑板瞬间后退的那股无形的力量一样，不受控制吗？

桃不言：是！没错，这两种感觉简直太像了！您这么说的时候，我不知为什么突然感觉到了一阵轻松。这会不会就是您书中所说的顿悟的感觉？

抚心人：你此刻有顿悟的感觉？

桃不言：我想应该有吧。做完这个梦后，我一直纠结于控制那个滑板的力量是什么。现在，我突然明白，那股力量应该就是父母对我的影响。

说到这里，我注意到她的脸上露出一丝满意的微笑，她应该对自己的理解感到了欣慰。至此，审梦取得了阶段性的成功，不过，离最后完工还有一段距离，我得趁热打铁，巩固战果。

抚心人：能说说这种影响吗？

桃不言：简单地说，他们使我对恋爱、婚姻产生了一种条件反射式的恐惧。

抚心人：能说得详细一些吗？

桃不言：可以。我害怕谈恋爱，其实主要因为谈恋爱就意味着可能要结婚，而我对婚姻有一种深层的恐惧，我担心将来会重复我爸妈过去的生活。我这种恐惧和担心是弥漫性的，不可描述，难以控制。与此同时，我又非常渴望有人来爱我，特别渴望自己能拥有一份真挚的感情。所以，我心里很矛盾。当“恐惧”和“渴望”之间的矛盾难以平衡的时候，就表现出了行为上的对立，一边“引诱”他们靠近我，一边又惧怕他们离我太近。现实中也是这样，每当与男朋友关系亲密一些的时候，我就会刻意给我们的关系降降温，否则，我就会莫名地焦虑。如果对方逼得太紧，我就会选择中断关系，以求自我保护。但是，如果没有人理我，我又会失落、无聊、孤独。多年以来，我在这两种状态中矛盾地徘徊着，无法气定神闲、悠然自得地享受本该属于我的爱情。

她的描述很动听，她的领悟很深刻。我很高兴她能有这么好的悟性，不由得发出了赞叹，并向她竖起了大拇指。

抚心人：你的悟性很好！你的理解很深刻，很透彻，很全面！

桃不言：我刚才这么说的时候，突然感觉这个梦清晰了许多，真的感谢老师！

抚心人：不用！要感谢就要感谢你自己！

桃不言：对了，我还有一个小问题。

抚心人：什么问题？

桃不言：为什么我会突然出现在滑板上？

抚心人：说起滑板，能让你联想到什么？

她顿了顿，眼珠在眼眶里转动，努力地在记忆中搜索与滑板有关的事情。几秒钟后，她的眼珠突然停止转动，显然她的联想成功了。

桃不言：呃，我想起了小时候，大概就是上小学三四年级的时候吧，我让爸爸教我学滑板，可是没有学会。

抚心人：你们使用的是什么样的滑板，你还记得吗？

桃不言：就是普通的滑板，滑板下面有四个轮子。大孩子们直接踩着滑板就可以滑走，我却不敢滑，只能坐在滑板上，让爸爸妈妈用绳子拖着走，不过，也挺好玩的。

抚心人：滑板除了让你感觉到好玩，你对它还有没有其他认识？

桃不言：还有就是，滑板太灵活了，不太受我控制。

抚心人：滑板太灵活了，不太受你控制，这意味着什么呢？

突然，我看到她的脸上又一次露出了微笑。

桃不言：意味着我随时可能会打趔趄，甚至会摔倒，就像我在情感世界里一不小心就会出现状况。

抚心人：说得不错！还有一个问题，梦里的滑板车上为什么没有系绳子？

桃不言：是呀，我倒是没有想过这个问题。我记得小时候，我玩滑板，前面都会拴根绳子，梦里却没有绳子。这是不是表示父母的关系对我已经没有什么影响了？

抚心人：父母的关系现在对你没有什么影响了吗？

桃不言：应该说父母的关系虽然有了很大改善，表面上看起来对我没有什么影响，但实际上潜在的影响一直都在。

抚心人：所以……

桃不言：所以……所以梦里的滑板才会不受控制地往后退，我才会一不小心就打趔趄，才会差点儿摔倒在地上。

抚心人：这个梦的表达真的很形象！

桃不言：哈哈哈，明白了，这下就通了！原来梦里隐藏了这么多东西，真是不解不知道，一分析惊了我一跳！对了，老师我想问一下，这个问题，我该怎么解决呢？

审梦手记

确实，有些梦会对现实有一定的指导意义，但是，这个梦只是反映现状、指出问题而已——尽管如此，已经有很大的意义了。至于如何解决梦反映出来的问题，确实不能完全依赖梦境，还要结合现实具体分析。

抚心人：这个问题可能一时半会儿很难彻底解决。但是，你能领悟到这一层，已经解决了一部分。你有机会和父母一起坐下来谈一谈这个问题，会有更好的作用。

桃不言：噢！明白了。我下周末要回家，刚好利用这个机会和他们好好谈谈。同时，我也会有意识地提醒自己，尽量把父母对我的影响控制在最小的程度。

抚心人：如果你能这样想！这样做，我认为真的很好。

桃不言：感谢老师的分析！

抚心人：客气了！

说完，我便起身。她并未立即站起来，先把杯子里的水喝完，将杯子扔进垃圾桶，然后才微笑着慢慢站起来。我送她出了工作室的门，她并没有立刻就走，而是提出想参观一下研究中心。我没有拒绝，让汪梦谨和苗审严陪着她去参观。我赶紧回到工作室内，把刚才的分析感受记录了下来。

家庭氛围是孩子成长的精神沃土，父母关系是孩子未来婚姻的原始模板。在孩子成长的过程中，如果父母的关系特别糟糕，孩子长大后对婚姻的认识就可能是悲观的，甚至会害怕恋爱、逃避相亲、讨厌结婚。相反，如果父母关系融洽，家庭氛围友好，孩子在成长的过程中就会被充分滋养，不仅会身心健康、人格完善，而且在未来对恋爱、婚姻的态度会很乐观，他们会希望自己能够像父母一样，快乐幸福地生活。可惜，大多数父母在年轻的时候并没有这样的意识，等他们意识到这个问题的时候，孩子已经长大了。大多数孩子即使很痛苦，也很难将责任全部归结于父母，只能选择独自默默承受，或者干脆认命。实际上，他们并非不能自救，只是不知不觉地被父母的影响困住了，挣脱不出来而已。当这一切借助梦的形式展现出来的时候，我们也可以借由审梦来澄清问题根源，帮助梦者跳出思维的泥潭，为梦者摆脱困境提供心理上的可能……

分析感受尚未写完，她的参观就已经结束了。她走过来向我道别。我起身送她到门口时，她再次表示了感谢，并对我说："我看你的书里有许多梦者的梦。如果你觉得我的梦有代表性，也可以拿去用，只要不用真名就行！""非常感谢你的无私奉献！"我微笑着表示了感谢。

送走她后，其他几个审梦师才陆陆续续来上班。研究中心一天的紧张工作常常从十点钟才正式开始。每个审梦师都可以灵活地和梦者预约分析时间，由值班老师统一分配时段，唯独九点到十点这个时段是属于我的。

2

我的“初恋”

清晨，我早到了半个小时，独自泡了一壶七年的白牡丹，几杯茶下肚后，瞬间觉得神清气爽。我翻开《弗洛伊德家书》，正看得起劲，听见外面传来汪梦谨和苗审严的说话声，由远至近，然后消失。他们好像在说毕业论文写作的事情，估计怕影响我看书，声音就小了。我请他们进来喝茶，并告诉他们，可以翻阅研究中心所有的书。这里收藏着许多古今中外梦境研究的相关书籍，是做梦境心理研究非常合适的地方。他们刚倒上茶，还没有喝几口，就听见外面传来敲门声。

敲门的人是今天的梦者，叫红叶枫，四十岁，培训学校老师，结婚十三年，育有一儿一女，女儿十一岁，儿子六岁。平时，她性格敏感多疑，人际关系较差，尤其与异性相处时，经常局促不安，焦虑得手足无措。最近，她在同事的建议下一边读书，一边自我反思。前两天她做了一个奇怪的梦，这让她的好奇心大增，于是分析梦成了她新一轮反思的切入点。

我走进工作室的时候，苗审严已经为她倒好了水。见我进来，她立即起身。我示意她坐下，我也随后坐下。

红叶枫：抚心人老师，你好！

抚心人：你好！

红叶枫：最近我一直心绪不宁。

抚心人：怎么了？

红叶枫：我做了一个梦，心里隐隐感到不安。

抚心人：这是一个什么样的梦？

红叶枫：梦倒是不复杂，只是情节让我好奇和不解。我昨天已经让我妹把梦的内容转给了你。她的网名叫红蜻蜓，是你的读者，也是你的忠实粉丝。她有你的微信，她没把梦发给你吗？

她这么问的时候，我才意识到，昨天下午在车上好像看到一条关于梦的信息，只是没来得及细看，然后就忘记了。我想她说的应该是那条信息吧。看着她有点儿失望的样子，我觉得还是应当说明一下，不然可能会因此产生阻抗。

抚心人：抱歉，信息可能太多，我没注意看。我翻一翻，如果发了，应该能找到。你不介意吧？

红叶枫：没关系的，你慢慢找。

审梦手记

阻抗是梦者内心深处不愿意配合分析或影响分析进程的阻碍力量。有时候梦者和审梦者都可以意识到阻抗，我们把它称为意识阻抗；还有一种阻抗是梦者和审梦者都无法意识到的，但就是无法深入分析下去，这种阻抗叫无意识阻抗。面对阻抗，审梦师可以有多种应对方法，如具体化、解释等，但最重要的是有耐心，等信任关系再加深一点儿的时候，阻抗就可能自动消失。

我赶紧拿出手机，很快翻到了红蜻蜓发过来的信息，梦不是很长。我尴尬地冲她笑了笑。

抚心人：找到了。你现在能亲自把梦再讲述一遍吗？

红叶枫：可以。对了，我觉得你这里的沙发坐着挺舒服。我早上起得比较早，现在略微有点儿困，我能不能靠在沙发上，闭上眼睛讲述梦？

抚心人：可以呀，如此甚好！

审梦手记

闭上眼睛，靠在沙发上报告梦的效果要比睁着眼睛说好很多。闭上眼睛，通过深呼吸放松身体，梦者会更容易回到梦境中，梦境体验会更加真切。这对领悟梦境具有促进作用。

红叶枫：梦是这样子的。好像在我姥姥家，我正在妈妈原来住过的房间里打扫卫生，突然来了一个男人，自称是我的朋友。我没有任何怀疑，只是与他说了几句话，他就走过来，从侧面抱了我一下，准备亲我。我心里有点儿紧张，怕别人看到。我看了一下门外，发现并没有人路过，于是默许他亲了一下额头。亲完之后，他问我，以后能不能每天都过来亲亲我。我生气地拒绝了，并且不轻不重地打了他一巴掌，其实心里还是挺期待的。他没有说话，也没有生气，悄悄地走了。

场景一转，好像我正在路过一个屋子，发现里面关了一个小女孩。她想出来，求我把门打开。我说门是上了锁的，我没有办法打开，于是建议她打电话给其他人。她说那就只能打电话给初恋男友了。我听完她的话之后愣了一下，心里想，我的初恋是谁呢？然后我就醒了。

她的声音柔和，语调平缓，听起来就像是在讲一个故事。三五分钟，她就把梦讲完了，稍稍停顿了一下便睁开眼睛。我也稍稍停顿了一下，然后继续分析。

抚心人：这个梦是什么时间做的？

红叶枫：周二晚上，大概凌晨四点钟吧。你刚才看了梦，也听我讲述了梦，现在你看懂梦的意思了吗？

抚心人：没有，抱歉，我真没看懂。你不介意吧？

红叶枫：不会吧，你是权威，还能看不懂？

抚心人：所谓权威，那只是别人的一种夸张说法罢了，实际上，我没那么厉害。梦是你做的，你也思考了好几天，你对自己的梦有多少了解？

红叶枫：我不太了解。我来这里之前，上网查过周公解梦。

抚心人：结果如何？

红叶枫：感觉比较离谱，又好像说得有一点道理。总之，我吃不准，所以就问我妹，她介绍我来找你。

抚心人：你以前经常查周公解梦吗？

红叶枫：我只是偶尔查一下。我爸和我妈最爱查了，只要晚上做梦，第二天必上网查周公解梦，尽管很多时候对解释不满意，但还是坚持查。我老公偶尔也会查一下。你别笑话我们，我们家的人就是这样，都很迷信。

说到这里，她尴尬地笑了，把头低了下去。

抚心人：你们家的人做梦后，都要寻求一个解释才会踏实吗？

红叶枫：是的，要说在这方面最看重的就属我爸了。

抚心人：你爸是一个什么样的人？

红叶枫：我爸是一个老实本分、忠厚善良、孝敬老人的人。他一辈子都在教小学，没有什么辉煌成就，也没有什么惊天动地的壮举。他干得最好的，就是当过几年校长，整体上日子过得比较简单清苦、枯燥无聊。

抚心人：你父母关系如何？

红叶枫：过去很不好，现在还可以。这个梦与我的父母有关吗？

当她说“这个梦与我的父母有关吗”的时候，经验告诉我，这个梦很可能与她父母有关，但目前证据不足，我不能给她准确的回答。

抚心人：暂时还不知道。梦一开始提到了姥姥家，那和妈妈有关的可能性就比较大了。如果与妈妈有关，那应该和爸爸也有关。你说呢？

红叶枫：好吧，既然如此，那你就问吧。

抚心人：你真的同意了？

红叶枫：看你这架势，我不同意能行吗？

抚心人：你生气了？

红叶枫：没有。

很显然，她生气了，脸上的表情说明了一切，鼻翼略微扩张，眉毛上扬，嘴巴紧闭。不过，她及时控制住了自己的情绪。她这气生得有些突然，出乎我的意料。

抚心人：如果真生气了，你可以直接讲出来，我也好认真反省一下，到底哪句话惹怒了你。

红叶枫：这个梦明明与我那个朋友有关，你偏要问我的父母，我觉得你想“偷窥”我的童年。

抚心人：你认为我想“偷窥”你童年的什么？

红叶枫：当然是父母关系不和对我现在的影响了。

抚心人：你父母过去的关系不和吗？

红叶枫：是的，但是我不想说这个问题，而且我觉得这个梦与父母的关系没有什么关系。你要问，就问问我的那个朋友吧！

刚才的这几句对话信息量很大，我有些招架不住。一时间突然冒出好几条线索：她的情绪、“偷窥”二字、父母关系、“那个朋友”。我飞快地思考着、判断着、权衡着。最终，我决定先顺着她的话问，因为这样做风险最小，不容易产生阻抗。

抚心人：好的，梦中的那个朋友在现实中是一个什么样的人？

红叶枫：他是我们学校的一个英语教师，比我小几岁，性格开朗活泼，外向热情。他这个人各个方面都不错，唯一让我觉得难以接受的是，他经常会拥抱一下我，即使有旁人在场，他也不回避。当然，他只是象征性地拥抱一下。

抚心人：象征性地拥抱一下?

红叶枫：是的。不过，他有时候还会搞一些恶作剧，比如拥抱的时候很长时间不放手，抱完之后摸一下我的头发，或者拍拍我的腰，让我猝不及防，觉得挺讨厌的。

抚心人：你真的觉得他讨厌吗?

红叶枫：起初我觉得有些讨厌，因为这种感觉怪怪的。虽然他经常解释说这只是一种礼节，但我觉得我们不是外国人，没必要学这个礼节。可他强调他是学英语的，还出过国，已经习惯了国外的文化，觉得自己的做法很正常。我自觉无力辩解，也无心辩解，就慢慢适应了，不像最初那么生气了。

她的回答和解释每次都比较长，而且从表情上看显得很兴奋。显然，她为自己的行为已经找足了理由。看着她沉浸在美梦中，作为一名审梦师，我该怎么办呢？是默许一切发生，还是叫醒她？这些都不是我要做的事情。我要做的只是让她明白现实和梦境之间的关系，让她理解潜意识把什么样的现实变成这样一个梦境。剩下的就交给她自行处置。

抚心人：所以，在梦中，你就默许了这一切的发生?

红叶枫：是的。可是在现实中，他经常见到其他女同事也会上前拥抱一下，也没人提出问题。不过，我很纳闷，既然我在现实中都没有生气，为何梦里的我会生气呢？

抚心人：在现实中，你真的不反感他的这种行为吗？

红叶枫：说真话，你别笑话我。即使他天天这么做，我也不会反感，甚至还会感到满足和高兴。

她的这句话着实让我惊了一下，她的内心到底发生了什么，居然会有这样的需求？我对这个梦越来越感到好奇了。

抚心人：这是为什么？

红叶枫：我不知道！其实，我心里一直渴望有一个男性能经常以这样的形式亲近我，我会感觉自己很幸福，很安全，仅此而已。

抚心人：仅此而已？

红叶枫：是的，仅此而已。

抚心人：在家里得不到这种满足吗？

红叶枫：得不到。我老公是个理工男，只知道上班挣钱，根本不懂得温情和浪漫。我曾经给他讲过我这个需要，他坚持了一周后就忘记了。我再要求他坚持时，他狠狠地甩了一句，“你有毛病吧？”从此，我再也不提这个要求了。

我本想再多问几个关于她老公的问题，但这个方向目前并不重要。眼下，我需要确定的是，她与这个男同事拥抱的习惯是怎么培养起来的。

抚心人：这位男老师拥抱你，是从什么时候开始的？

红叶枫：有一次，我们学校请了一个心理学老师来讲减压的课程，在课堂上搞了一些小活动，其中一个活动是“学会拥抱”。老师说拥抱能快速减压，现场要求我们相互随机组合，练习拥抱。于是，我们俩就这样有了第一次拥抱。从此，一发不可收，他不仅拥抱我，偶尔还会出现一些如我前面说的犯规动作。起初我有些生气，后来默许他偶尔犯一下规。

抚心人：后来，他再有犯规动作，你就不再生气了？

红叶枫：是的。碰上我生气的时候，他会开玩笑让我不生气。

抚心人：他仅仅对你如此吗？

红叶枫：也不是，对五六个人是这样，都是那个减压课上与他轮流拥抱过的老师。大家好像都心照不宣，没有人真正生过他的气。

至此，我可以确认，梦中的这个男人并不指代梦者所说的这个男同事，两者之间的联系经不起推敲。因为男同事的拥抱行为并不只针对梦者，而是一个公开的行为，应该很难被压抑下来。我意识到，前面的思考方向可能是错的，十几分钟的工作只是排除了一种可能性。梦者的潜意识实在太“狡猾”了，我得赶紧让她意识到这个问题。

抚心人：从你提供的信息来看，梦中的男人很可能不是你的男同事。如果他指代的不是你的男同事，那还有可能指代谁呢?

红叶枫：如果不是男同事，还有可能是谁呢?你这么问，我感觉有点儿蒙圈。

抚心人：你再想想，根据这个人的行为特征思考，他曾经出现在你姥姥家，还出现在你妈妈的房间里，并且亲过你的额头，同时具备这些特征的人会是谁呢?

红叶枫：我爸爸!

抚心人：你爸爸?

红叶枫：是的。你这么描述，我几乎可以确定就是他。小时候，我爸爸在工作间隙，经常会偷偷地跑到我姥姥家，给我送一些好吃的，和我聊一会儿天，有时还会抱抱我，亲亲我，然后又悄悄走开。每次，我爸爸突然出现的时候，我内心既期盼，又生气，却不知道如何表达。

听罢她的这番话，我心里终于轻松了些。从她的回答与梦境的匹配程度来看，我觉得这次探索的方向应该是正确的。此刻，我只期盼她能多说几句，以获得更丰富的信息。

抚心人：能说得详细一点儿吗?

红叶枫：可以。说到这里，我突然特别有感觉，不过，要细说的话，可能就话长了，可以吗?

抚心人：当然可以。

红叶枫：我爸爸是一个山村小学的公办老师，三十年前，他就在我们镇的小学当老师，中间辗转了几个学校之后，调回原来的学校当校长，一直坚守在那里。尽管学校里的年轻老师走了一批又一批，最后学校只剩下三十多个学生和两个民办教师，但他依然在坚守。我记得，当时学校在镇上，我妈妈的老家就在学校附近，爸爸的收入非常低，不够养活爷爷和奶奶，而我姥姥和姥爷经常做点儿小生意，相比较而言，妈妈家里的条件比较好，日子过得比较富裕。所以，妈妈一家人都瞧不起我爸爸，说爸爸没有出息。那个时候，爸爸有很多机会调进城里去教书，并且可以把我们一家人都带出去，但他始终不愿意离开农村，说他和那里有感情，他若走了，学校就散伙了，孩子们就要受苦了。我妈妈一家人都不信，说他走了，还会有其他人来当校长，甚至还会来更好的老师，关键问题是我爸爸自己无能，没本事，还找了一个冠冕堂皇的理由。反正就是各种瞧不起。我爸爸觉得大家不理解他，所以就不回我姥姥家。学校离姥姥家不到三百米远，爸爸却经常住在学校里，偶尔买了什么好东西，就趁着其他人不在，偷偷地送给我。后来这件事被妈妈发现了。妈妈要求我不要理爸爸，还当着我的面数落爸爸，指出他对家庭的种种不负责。那个时候，我一直和妈妈生活在一起，看着其他孩子经常有爸爸妈妈陪伴，我也很希望爸爸能亲近我。可是妈妈不允许，她一心想孤立爸爸。她一旦发现爸爸亲近我，就会训斥我，甚至不让我吃饭。无奈之下，我只能听妈妈的，不敢公开和爸爸交流。后

来，我觉得我和爸爸无法亲近，内心却一直有一种渴望亲近的想法。我心里很矛盾。

她讲这段话的时候，语速很快，中间没有停顿，我几乎找不到可以插话的机会。我本想在她讲话结束时，找一个合适的机会与她共情一下。可是，当她停顿下来的时候，我大脑中之前的想法居然被另一个突然冒出来的紧迫问题挤到一边了。

审梦手记

当梦者在流畅地表达时，审梦师通常不要轻易打断梦者，更不要插话，而要紧紧地跟随梦者的思维；不要执着于原来的问题，要随机应变，灵活变通，必要时随时更新提问脚本。

抚心人：这种矛盾的感觉和梦中面对那个男性朋友时的矛盾感受相似吗?

红叶枫：是的，很相似，很接近。

抚心人：除了这种矛盾的感觉相似，他们之间有其他相似之处吗?

红叶枫：有，他们都是胖胖的身材，都是老师。最重要的是，他们俩的生日是同一天，阴历三月初九。我经常在我爸爸生日这一天想到我的这个朋友。

抚心人：小时候，爸爸去姥姥家偷偷看你，他有没有亲过你的额头呢？

红叶枫：爸爸几乎每次都会亲我的额头。我刚才也想到这个问题了。我小时候，爸爸每次给我送来好吃的，都会轻轻地亲一下我的额头。起初我不习惯，经常推开他，后来慢慢地习惯了，并且经常盼着爸爸来看我。那个时候，在我心里，他既是爸爸，又是朋友，但我总感觉自己和他的关系不亲密。

看来，这个梦已经有突破了。不过，我还得继续追问。

抚心人：与爸爸的这段关系，或者说这种状态大约持续了多久？

红叶枫：不到两年。

抚心人：你觉得这段经历对你的生活影响大吗？

红叶枫：应该或多或少影响到了我和老公的关系吧。我说不好。

抚心人：你和老公的关系如何？

红叶枫：一般般，感觉我们两人总有一种隔阂，我总感觉不能在他面前展示真实的自己，不能对他敞开心扉。不过，我们不是经常吵架的那种情况，表面上看起来我们挺好的，就是感觉关系不是很亲密。

审梦手记

精神分析心理学的研究表明：女孩小时候与自己的父亲若没有建立起稳定亲密的关系，将来必然影响其与异性建立亲密关系。虽然建立关系的对象发生了变化，但是建立起来的关系的模式具有很多相似性。

抚心人：就像你和爸爸之间总是不亲密一样吗？

红叶枫：是的，很相似。

抚心人：现实中有什么具体的表现吗？

红叶枫：当然有了。比如我回家总是和我妈说很多话，和我爸却说不了几句。他一出现，我就不想多说话，感觉很别扭。再比如，我往家里打电话，如果是我爸接电话，我就会问："我妈在不？"连爸都不叫一声，这简直与春晚的相声里说的一样。

说这段话的时候，她似乎有点儿哭笑不得的感觉。我也一脸苦笑。不过，至此，情况已经明确了。我现在更加好奇的是，她究竟是如何应对这个问题的。

抚心人：你有没有想过什么办法来缓解和爸爸之间的关系？

红叶枫：我觉得我们之间的沟通有问题，我给的他不喜欢，他给的我不需要，好像没有办法有效缓解我们之间的关系。

抚心人：你做过什么具体的尝试吗？

红叶枫：有过。最初，我想让我妈加入我和我爸的谈话，先让家庭氛围融洽起来，再缓解我和我爸之间的关系。可是，我妈本来就对我爸不好，再加上她总是说不到点子上，我干脆就不指望她了。后来我自己做了一些尝试，比如，给爸爸买衣服，给钱，给他买手机，想以此为借口靠近爸爸。毕竟，他现在年纪大了，我也很想听他说说过去的事情。可是，他总是说时间太久了，许多事情都想不起来了。另外，他耳背，我和他沟通很费劲。

抚心人：面对这种情况，你当时是什么感觉？

红叶枫：我有一种明显的感觉，就是自己有力使不出来，明明知道问题在小时候，在爸爸那里，可就是无法解决。这真让人着急呀！

她说到这里时，我突然想到，她的梦里提到一个屋子里“关了一个小女孩”。不知道那个被关在屋子里的小女孩是一种什么样的心情。如果能确认梦中小女孩的心情与梦者现实情绪之间的关联，必然会有所斩获。于是，我决定改变提问的方向。

抚心人：梦的第二部分说有一个小女孩被困在屋子里，你觉得那个小女孩是一种什么样的心情？

红叶枫：我想，她一定很着急。

抚心人：现实中的你着急吗？

红叶枫：平时感觉不明显，但谈到父亲的时候，不知为什么，谈着谈着，着急的感觉就出来了。

抚心人：也就是说，你和梦中的小女孩有同样的着急体验，对吗？

红叶枫：你是说，那个小女孩就是我？

抚心人：你觉得那个女孩是你吗？

红叶枫：肯定不是现在的我，但有可能是过去的我，小时候的我。

说最后这句话的时候，她的语速很慢，但铿锵有力，斩钉截铁。我可以确定，这个小姑娘就是小时候的她。为了加深她的理解，我还想引导她继续谈下去。

抚心人：这个怎么讲？

红叶枫：我与爸爸之间的隔阂差不多就是在那个时候产生的，一直没有得到很好的解决，我们的关系停滞在那个不亲密的状态。我现在与异性虽然看起来很亲密，但实际上存在着隔阂，就像我与那个男性朋友的关系一样，表面上熟悉，内心却有隔阂。这是一种很奇怪的感觉，而这种感觉也一直存在于我和老公之间。

抚心人：说得很好！照着这个思路来理解，你觉得梦中提到的你的初恋是谁呢？

红叶枫：应该是谁？

抚心人：你说呢？

红叶枫：那就是我爸爸了。

抚心人：像吗？

红叶枫：像！真像！人们常说，女儿是爸爸前世的小情人，照这么说，我的初恋男友就是我爸爸了。

抚心人：难道不是吗？

红叶枫：是！我现在明白了……可是，我该怎么做呢？

抚心人：梦里提到了“只能打电话给初恋男友”，你注意到了吗？

红枫叶：我知道呀，这句话是小女孩自己说的，好像她知道如何解决这个问题。

抚心人：怎么解决？

红枫叶：打电话呀！打电话求助初恋男友呀！

抚心人：这又代表什么意思呢？

红叶枫：应该是说要找我爸爸沟通，是这个意思吗？

抚心人：是的。你尝试通过与爸爸沟通来解决这个问题吗？

红叶枫：前面说过了，我已经试过了，此路不通，我和爸爸的沟通很不顺利。

抚心人：我知道你和爸爸的沟通不畅，问题也不在你身上。所以，当下我最关心的不是你和爸爸的沟通，而是你和小女孩的沟通，你有没有尝试过？

红叶枫：你的意思是……

抚心人：你觉得我的意思是什么？

红叶枫：你是不是说，我需要和那个小女孩沟通？

抚心人：你愿意和她沟通吗？

红叶枫：你这么说，我大概能理解了。可是，我怎么才能和她沟通呢？

抚心人：她被关在屋子里，一定很着急。你有没有尝试把她解救出来？

说这些话的时候，我感觉这种说法过于抽象，本想换一种具体的说法，可是一时间找不到更好的说辞，只能先这么抽象地问一下。我心想，她如果悟性足够好，可能就理解了。如果不理解，我再换种说法也不算晚。于是，说完之后，我就静静地等着她的回复。

红叶枫：之前没有，也不知道如何做。你的意思是我内心有两个人，一个人对另一个人说话，商讨解救小女孩的方法，是这样吗？

抚心人：嗯，看来你理解了。你之前有没有尝试过这样的对话呢？

红叶枫：没有。你刚才这么说，我突然想现在尝试一下。你可以帮助我吗？

她突然提出想现场尝试一下，我虽然有点儿吃惊，但挺高兴，至少她认可了这样的方法。

抚心人：当然可以。你调整一下姿势，靠到沙发背上，把抱枕抱到怀里，做十个深呼吸，闭上眼睛，感觉能放松下来的时候，就可以慢慢地回到梦中有小女孩的那一部分，和小女孩自由地对话。你能理解我说的意思吗？

红叶枫：理解了，我试试。

说着，她先是闭上眼睛，做了十个深呼吸，之后气息变得越来越平稳。接下来，只见她动嘴巴，却听不见声音，眼角不时有泪水涌出。我本想抽几张纸塞进她的手里，但又怕影响她的状态，所以忍住了没有动。她任凭眼泪流淌，没有采取任何措施。约十五分钟后，她活动了一下身体，慢慢地睁开眼睛，从茶几上的纸巾盒中抽了两张纸，重重地擦拭了眼角的泪痕。

抚心人：你哭了？

红叶枫：不好意思，我没忍住。那个小女孩挺可怜的。一想到她就是小时候的我，我就忍不住了。

抚心人：你和那个小女孩都说了些什么？

红叶枫：说了很多，是我以前从来都没有说过的话。我现在不想说出来，怕说出来，我一会儿又要哭了。总之，我现在感觉轻松了许多。

抚心人：你真的感觉轻松了许多吗？

红叶枫：是的。这段梦我理解了，但不知道对不对。我可以说说吗？

抚心人：说说看！

红叶枫：小女孩被关起来，应该是在说我内心自我封闭的状态和受伤的感觉。小女孩的初恋男友是我爸爸，而小女孩就是没有成长起来的我。这样看来，所有的问题都指向了我爸爸，他才是问题的关键。我说得有点儿乱，不知道你能理解吗？

她说得确实比较简单，也有点儿乱，但是没有错。我能理解，不过我还想引导她进一步思考。

抚心人：你的理解不错！如果把这段梦和前面的那段联系起来，你能梳理一下整个梦的逻辑关系吗？

红叶枫：我试着梳理一下。呃……是不是说，我现在与异性关系有隔阂，尤其是与老公的关系不亲密，主要缘于我小时候与爸爸之间没能建立起亲密的父女关系。所以，我要好好与爸爸沟通，改善与爸爸之间的关系，这样那个被锁在屋子里的小女孩才能被解救出来，才能从根本上消除我与异性关系中的隔阂。

抚心人：说得很好！你对进一步与爸爸沟通有信心吗？

红叶枫：说实话，我没有信心，与爸爸沟通实在太难了，基本上无法进行有效沟通。

我本来想放弃鼓励她尝试，但是，想到解决问题的希望就在这里，我还是决定再鼓励一下她。

抚心人：你愿意换个方法再尝试一下吗？

红叶枫：呃，那好吧，我再找机会与他沟通一下。如果效果不好的话，我想试试在心里与他对话沟通，就像刚才与小女孩沟通一样。这样行吗？

抚心人：如此甚好，祝你成功！

红叶枫：谢谢老师！原来分析梦很有意思！

抚心人：呵呵！是你进入状态快，理解能力强，悟性好！

红叶枫：主要是老师引导得好！

抚心人：是我们配合得好！

红叶枫：再次谢谢老师！如果以后再有梦，我再预约你，可以吗？

抚心人：当然可以！随时欢迎！

红叶枫：谢谢老师！再见！

抚心人：再见！

送她离开后，我暗自感叹：若梦者都能像红叶枫这样有悟性，审梦师就轻松多了！同时，我深感梦者所遇到的问题具有一定的代表性，值得关注和思考。在婚姻中，过日子的表面上是两个人，实际上影响夫妻关系的还有四个人：夫妻双方的父母。当然，这并不是说双方父母直接进入子女们的生活中进行干扰和阻挠，而是说双方父母的关系模式对子女的影响会不知不觉地体现在子女的亲密关系中，并以一种说不清、道不明，斩不断、理还乱的方式影响着两人的关系。大多数人都会深受其扰而难以自拔，甚至一生都会困在其中而不自知。然而，深知其根源的人，即便不能立即改变这一现状，也可以在一定程度上避免这种缘于过去的关系模式对当前的无端影响。处在局中的夫妻双方，最佳的做法不是相互忍让，而是都能深刻分析父母的关系模式对自身的影响，提高自我的认知能力，在减少原生家庭的潜在影响的同时，尽快建立起适合两人的新型关系模式。这才是婚姻生活幸福的不二法门。

3

谁坏了我的好事

早上我一踏进研究中心的大门，汪梦谨就匆匆跑过来告诉我，昨天预约的梦者提前到了。她先是独自在研究中心转了一圈，然后进了工作室，已经在里面等了十分钟左右。我没有多问，把包交给汪梦谨，简单整理了一下衣服，就直接走进了工作室。我一进门，就看见一个穿着米黄色大衣的长发女人从沙发上站了起来。她向前走了几步，满脸微笑着向我微微点头问好。我也微笑着走过去，不经意间看见她手里拿着几页纸，上面画着一道道黑线，旁边好像还有注释的文字。看得出来，她在我来之前，已经做了许多功课。

她的名字叫花无影，38 岁，相貌端庄，气质优雅，性格外向，是一名经验丰富的外科医生。结婚六年后因与老公性格不合，最终协议离婚。离婚后，她独自一人带着四岁的女儿，生活总体还算平稳，身边介绍对象的人不少，但她相中了一个远在另一个城市的一家国企的中层管理人员，并与之交往已四年多。然而，对方一直不提结婚的事情。她对此深感焦虑，经常晚上做一些奇奇怪怪的梦。不知道她今天会带来一个什么样的梦。

当我走到沙发前，准备坐下的时候，我发现她坐在了我平时经常坐的位置。我决定，今天的分析就从这里着手。

抚心人：你坐了我的位置，不介意的话，可以坐到那个位置上吗？

花无影：当然可以，不好意思！你们这里对座位还有要求？

抚心人：一般梦者会选择坐到一个靠墙的位置，而审梦师则会坐到靠窗的位置。你坐在现在这个位置上有什么感觉？

花无影：后面是墙，感觉有靠山，有安全感。呵呵，你坐在靠窗的位置有什么感觉？

抚心人：你刚才也坐过这个位置，有什么不一样的感觉吗？

花无影：感觉一抬头，整个房间里的一举一动都尽在掌握之中。

抚心人：那我刚才让你失去掌控一切的感觉，你不会介意吧？

花无影：如果你的分析让我满意了，我想我应该就不介意了！呵呵呵……

说着说着，她就笑了。我也笑了，可内心并不轻松。我已经初步感受到这场分析的难度了。我在想，她是不是对自己的生活失去了掌控感？她今天要分析的这个梦会不会与她失去掌控感有关？想到这里，问题已经冒出来了。

抚心人：你做了一个什么样的梦？

花无影：在说这个梦之前，我还是先简单地介绍一下自己吧。因为梦是一个什么样的梦，远没有梦者是一个什么样的人重要。

抚心人：我同意你的说法，我也是这么想的。

花无影：你当然会同意的，因为这个观点压根儿就不是我的，是我从你的书里面看到的，呵呵……

抚心人：看来你对梦挺感兴趣的。

花无影：还好吧，主要是自己被梦困住了。

抚心人：我看你拿着好几页纸，上面记的是梦吗？

花无影：是的。一个挺长的梦，共有四段，我觉得肯定有深意，就是有点儿难，不好理解，所以想找老师帮我分析一下。我打印了两份，这两页是给你的。

说着，她就把事先准备好的两页纸递了过来。我接过来一看，上面密密麻麻地写着四段梦，看起来有八九百字，上面没有任何线条，显然是给我看的。

审梦手记

审梦师分析梦不能只看文字版的梦，还要听梦者如何用语言描述。这主要是因为文字版的梦被加工的痕迹比较重，可信度略低，而口头报告的梦更贴近潜意识，可信度高一些。当然，如果能将二者结合起来，效果会更好。

抚心人：你能不能把梦再讲一遍？

花无影：照着读一遍吗？

抚心人：不用照着读。你最好先闭着眼睛，做几个深呼吸，放松下来，然后进入梦境，边体验边讲。

花无影：好的。我先闭上眼睛，放松一下。

只见她整理了一下衣服，挪了挪抱枕，把头靠在沙发上，慢慢地闭上眼睛，做了几个腹式呼吸。大约三分钟后，她的呼吸变得均匀，面部肌肉松弛下来。我觉得是时候提醒她讲述梦了。

抚心人：如果感觉放松下来，就可以进入梦境了，然后再把梦境用自己的语言说出来。

花无影：好的。我梦到我和男朋友躺在床上，我想亲热一下。男朋友刚准备脱衣服，我妈妈突然走过来叫我起床。男朋友赶紧穿好衣服，我也赶紧起床。我心想，“来得真不是时候，坏了我的好事！”心里很不开心。这时，好像小姨也在，她在旁边说了几句冷嘲热讽的话。我没理她，就出门了。出门后，有个老奶奶跟在我后面，边走边唠叨，但不知道她唠叨了些什么。我没在意，觉得这些人很无聊，多管闲事。

场景一转，我去等车，刚走到车站，一辆车就坐满乘客走了。我和没有坐上车的人继续等下一辆车，突然看到男朋友的同学也在等车。我想上去和他打个招呼，但意识到自己出门时没有洗脸，就想着趁等车的时间去买个 BB 霜。我来到一家店，开始选购，结果折腾了半天，不是品牌不对，就是价格太高。眼看乘客们都在上车，男朋友的同学坐在最前面的位置上，车子都要开走了，我的东西还没有选好，于是我随便拿了一个。营业员还是不紧不慢的，半天才拿出一个袋子。我赶紧从她手上拿过袋子，转身就跑，还是没赶上车。于是我想打出租车或是坐别的公交车，可是又不熟悉地方。

突然间，场景又一次跳转了。好像我要去赶路上班。我出现在一个空旷的地方，一直往前走。不知何时，我来到了一个小山丘上，脚下是沙地，不远处是菜地，一片农村的景象。感觉离大路越来越远了，我心里很着急，心想这都几点了，我都快要迟到了，可还是找不到路。这时有两个小孩在旁边玩耍，大点儿的是个男孩子，小点儿的是个女孩子。男孩子告诉我，下面有个山洞，穿过去就能走到大马路上了呀！我低头一看，我脚下是黄沙地的一个高坡，下面确实有个山洞。我却怎么也转不下去，始终找不到洞口。

梦境又一次跳转了。时间已经是七点五十分了，八点是上班签到的时间，而去上班的路上要走二十分钟。于是我赶紧给主任打电话请假，但打不通。我不知道今天在哪个院区上班，如果在总院，去晚点儿没关系，一个房间有两个人；如果在分院，一个萝卜一个坑，得赶紧赶过去。后来，我不知怎么就到了分院，看到大家好像挺闲的。有人说主任在开会，手术要晚点儿开始，我紧张的心就放松下来，和大家有说有笑，吃了点儿零食。一会儿，同事说主任要回来了，我们赶紧去另一个工作的地方待着。穿过好几道门，到了应该工作的地方，我就醒了……

审梦手记

梦者报告梦的时候闭着眼睛有两个好处：一是可以减少外界各种因素的干扰；二是可以增强梦者对梦境的感受。当然，报梦结束后，梦者什么时候睁开眼睛，最好尊重梦者的感受和想法。

花无影：梦讲完了，我必须睁开眼睛吗？

抚心人：你想要睁开眼睛吗？

花无影：暂时还不想睁开，我现在还想再闭一会儿。过一会儿，等我想睁开的时候再睁开吧。

大约一分钟后，她睁开了眼睛，正身面向我坐好。

抚心人：刚才你在报梦的时候，把整个梦重新体验了一遍，有什么感受吗？

花无影：暂时没什么特别的感受，只是觉得这个梦很奇怪。

抚心人：你觉得这个梦的什么地方奇怪？

花无影：人物！我妈和小姨怎么会在我和男朋友亲热的时候出现呢？太不可思议了！

抚心人：你觉得她们出现得不是时候？

花无影：是的。现实中，这种情况从来没有出现过。

抚心人：这种情况能让你联想到什么？

花无影：我刚才报梦时说“坏了我的好事”这句话的时候，脑子里突然闪过《西游记》里的女妖怪说过的话。那些女妖怪抓住唐僧后，每每欲行好事却被打扰的时候，就会说一句话，“坏了我的好事！”哈哈哈，太搞笑了，感觉自己像个女妖怪。

抚心人：女妖怪！她们在现实中“坏过你的好事吗”？

花无影：怎么说呢，算是坏过吧，但那不是一回事。梦里所说的“好事”充满了欲望的气息，而现实中的“好事”主要指的是我的婚姻。

抚心人：她们破坏了你的婚姻？

花无影：是的！我妈不同意我嫁给现在的男朋友。

抚心人：理由是什么？

花无影：我妈说，我离婚都六年了，和这个男朋友认识也有四年多了，他一直没有结婚的意思，就说明他并不是真的爱我，他还有所顾虑，所以让我尽快了断，不要拖泥带水，并建议我考虑其他人。

抚心人：你怎么看？

花无影：我也觉得我妈说得有道理。一个男人如果真的爱一个女人，怎么会不想尽快和她结婚呢？

她妈妈的态度基本上清楚了，该问问小姨的态度了。

抚心人：那你小姨怎么看这个问题？

花无影：我小姨也不愿意，但她不直接说，只是在一旁说风凉话。我并不在意。

抚心人：她怎么说？

花无影：她有时候会说，第二次恋爱谈的时间比第一次还要长，可真够浪漫的！有时候也会说，谈恋爱可不像过日子，不能谈的时间太长，太长就会现出原形了！

抚心人：你怎么说？

花无影：我能怎么说？小姨本质并不坏，就是嘴不饶人。听她这么说，我只能尴尬地笑笑，装作没听见。

抚心人：那你会不会不开心呢？

花无影：我当然不开心了，就和梦中一样。

梦中的小姨和妈妈都已经清楚了，她们并没有被置换，是本色出演。不过，第一段梦后面的老奶奶是谁？有没有被置换，还需要探讨。

抚心人：这个老奶奶是谁？

花无影：现实中没有这个人。

抚心人：这个老奶奶能让你联想到谁？

审梦手记

梦中的人物分析是审梦的重要环节，人物有可能被置换，也可能是凝缩的结果，当然，也有可能不经过任何加工，以人物本来的面貌出现在梦中。究竟属于哪一种情况，还要把梦者的联想结果作为重要的依据。如果梦者方向不明确而无从下手，或者联想不到什么，这并不一定是阻抗。假如审梦师能帮助梦者勾画出梦中人物的一些具体特征，那么，梦者的联想便有可能会更加高效且可靠。

花无影：呃，这个老奶奶，我仔细想了想，还没想到是谁。我奶奶和姥姥都已经过世很多年了！并且，我和她们在一起的时间比较短，不可能是我奶奶或我姥姥。如果不是她们，那她到底是谁？我暂时想不到。

抚心人：现实中，谁会干扰你们结婚，并且让你感觉她爱唠叨，很无聊，还喜欢多管闲事？

我依照梦中的描述提炼了老奶奶的一些具体特征，希望能帮助她思考。话音刚落，我就听到她忍不住笑出声来。

花无影：哈哈哈！我想到了，想到了，确实有这么一个人。

抚心人：谁？

花无影：我男朋友的老娘！

抚心人：你男朋友的老娘怎么会成为你梦中的老奶奶呢？

花无影：男朋友今年四十三岁，他老娘年纪已经很大了，七十五岁，白发苍苍，看起来很老。在我心中，她就是个没完没了、喜欢唠叨的老奶奶，常常在背后说我坏话。

抚心人：你怎么知道她在背后说你坏话？

花无影：当然知道了！有一次，我问男朋友为什么不快点儿结婚。他说，他妈嫌我年龄太大了，而且八字和他不合，说结了还得离，所以他不敢向我求婚。

抚心人：那你听了是什么感觉？

花无影：我没太在意。因为她年纪大了，说的那一套全是封建老思想。我男朋友受过高等教育，他不会相信。他最多把他老娘的话当成一个理由，当成一个挡箭牌。

抚心人：他有这样做过吗？

花无影：有，我能隐隐约约地感觉到。有一次，我问他到底准备什么时候领证。他说，他先说服他妈，还说不能让老人生气，气坏了身体可了不得。我本以为，这只是个暂时拖延的小借口，没承想，就这一个小借口整整拖了我好几年。现在看来，他妈不是个小借口，而是个大理由。现在我想想都生气。

抚心人：那你现在对你们的关系是什么态度呢?

花无影：大家都不赞成我们结婚，但我就是想嫁给他。他比我大五岁，比我老很多，但我就是喜欢他。家人的劝阻看起来并没有影响我的决定，但实际上严重地影响了男朋友的态度。换句话说，家人的态度坏了我的好事！再这样拖下去，我就老了，真的嫁不出去了。

抚心人：是呀，就这样拖着不给个痛快话，无论哪个女人摊上这事都会很抓狂。

花无影：是的，我真的很抓狂，但又下不了决心分手，只能就这么耗着。眼看着身边离异的女人都先后成新家，我真的有点儿急了。

当她说到“我真的有点儿急了”的时候，我深深地感受到她内心的焦虑。同时我还注意到，她在说话时连续两次调整自己的坐姿，三次把头发往上撩起。这本是正常的举动，但当这些动作与语言同时出现的时候，她内心的焦虑不言自明。焦虑中的她会怎么做呢？我突然想到第二段梦中提到的“男朋友的同学”，我觉得可以朝着这个方向前进一步。

抚心人：除了现在的男朋友，你想过找别人吗？

花无影：没想过！

抚心人：真的没想过吗？

花无影：怎么说呢，应该算是想过吧，也就想过一阵子，很快就过去了。

抚心人：你想的是一个什么样的人呢？

花无影：他是我们单位的一个同事，不是特别熟悉。他之前一直单着，对我有那么点儿意思，但从来不敢表达，只是在工作中打交道的时候对我特别照顾。他是个典型的理工男，好像并不擅长和女性交往。我对他印象还不错。我在想，要不要试着和他交往一下？有一天晚上，我因工作的事情和他在电话里说了很久。我感觉他挺细心，也很温柔，至少我心里不反感他。于是，我初步决定认真和他交往一下，看看他是一个什么样的人，然后再做决定。让人意外的是，等我准备找机会告诉他的时候，我发现他已经和一个女孩交往了，并且关系进展迅速。我只能选择放弃。这件事前前后后不到三个月，我对这个同事彻底死心了。就是这么回事。其实，什么也没有发生，一切都还处在萌芽状态，就结束了。简直不值一提。

她显然不知道我问这个男同事的用意，所以，说起来比较真实、随意。这种感觉挺好，便于展现她内心真实的态度。本来我想再多问几个关于男同事的问题，但当我听到她说“简直不值一提”的时候，我决定放弃这些问题，直接进入重点。

抚心人：梦里提到的男朋友的同学，现实中有这个人吗?

花无影：有这个人，就是他的一个高中同学。

抚心人：他是一个什么样的人?

花无影：我只见过他两面，常听男朋友说起他，知道他们的关系不错。这个人比较内向，不善言谈，为人很厚道，办事很实诚。我对他的印象不错，但仅限于认识而已。他可是我男朋友的同学，我对他绝对不会有任何“非分之想”。

抚心人：为什么不能有呢?

花无影：他压根儿就不是我的菜呀！但最主要的是道德这一关过不了！

抚心人：那你的男同事呢?

花无影：男同事……呃……你这么问，是不是说我的男同事和男朋友的同学这两个人之间有什么联系?

她显然已经明白我反复将“男朋友的同学”和“男同事”放在一起讨论的用意了。于是，我决定趁热打铁，果断出击。

抚心人：你的男同事和男朋友的同学之间有什么关联吗?

花无影：好像没有吧，他们并不认识，长得也不像。

抚心人：有没有其他相似的地方呢?

花无影：如果要说有的话，应该还是有的。我对这个男同事的感觉跟我对男朋友的同学的感觉差不多，就是远远地看着，感觉两个人都挺好，但是没有想靠近的冲动。对了，还有一点，这两个人都属于比较忠厚老实、不善言谈、不擅长和女性交往的那种男人。其实，这么说来，他们之间的共同点还挺多。我刚才怎么就是想不到呢？

抚心人：会不会是因为刚才你还没有做好心理准备去面对这个事实？

花无影：有可能。可是，为什么我会用男朋友的同学来代替我的男同事呢？仅仅因为他们之间有相似之处吗？代替了又有什么意义呢？我有些不太理解。老师，你能不能说得详细一些？

面对她一系列的疑问和困惑，我觉得在短时间内让她领悟有些困难。如果我再不说得具体一些，她可能会认为我在故弄玄虚，进而可能引起阻抗。更重要的是，基于她所提供的客观信息和个人理解，我觉得适当地、客观地解释一下，可能更有利于推动分析的进程。

抚心人：或许用男朋友的同学来代替男同事能更好地从内心深处打消你喜欢那位男同事的冲动，因为你是一个道德感很强的人，不可能背着男朋友去喜欢他的同学，毕竟你真正喜欢的是男朋友，男朋友才是你的菜。所以，潜意识用“男朋友的同学”来代替“男同事”的意义可能在于，这样做可以巧妙地表达你对男朋友在结婚这件事上久拖不决的些许不满，却依然保持着对他的忠诚。所谓的男同事，也就是梦中“男朋友的同学”，只是一个从汽车站匆匆而过的熟人而已，与他同行的冲动只是寂寞时的自我安慰罢了。

花无影：嗯，嗯，嗯，老师，你说得太对了！我瞬间有了一种被看懂、被理解的感觉，你的这番话直接命中了我内心的冲动和想法！

我注意到，她笑的时候，身体微微向前倾斜了一些，与我拉近了一点儿距离。这个微小的变化意味着她对我的信任可能又加深了一层。

抚心人：你之前没有觉察到自己的冲动和想法吗？

花无影：要说有吧，感觉不清楚；要说没有吧，好像也有那么一丝丝感觉。总之，就是没有刚才那种感觉。

抚心人：是呀！即使你潜意识中的冲动或想法很微弱，梦境也会清晰地将其展现出来，因为潜意识生怕你不明白。你明白了吗？

花无影：有点儿明白了！我刚才又仔细地梳理了一下这段梦。我觉得自己好可怜呀！可能是我太寂寞了，我仅仅是想以一个更好的形象出现在车上，和“男朋友的同学”打个招呼，连这个要求也无法顺利实现！问题的根源到底在哪里？

抚心人：男同事是你喜欢的人吗？

花无影：当然不是！前面我说过了，他不是我的菜！只是，我生男朋友气的时候，会感到不耐烦，就想，随便找一个喜欢我的人

就行了，干吗要死皮赖脸地等他！可我转念又想，还是算了吧，那样做，我就等于彻底失去了男朋友。所以，这些想法只是在大脑中闪现了一下，并没有在现实中发生过。

至此，我觉得第二段梦中的难点都已经分析清楚了。她连喝了几口水。看到杯底都朝上了，我笑了笑，起身帮她又倒了一杯，坐下来之后，我们继续分析。

抚心人：原来如此！现在能理解第二段梦了吗？

花无影：嗯，清晰了许多！那接下来的梦又该怎么理解呢？

抚心人：剩下的梦，你对哪一部分感到疑惑？

花无影：为什么会出现一片农村的景象？

抚心人：你们家以前住农村吗？

花无影：没有，我姥姥家在农村。我小时候有几年和姥姥生活在一起，后来我经常去农村看姥姥。

抚心人：梦中农村的景象你熟悉吗？

花无影：好像熟悉，又好像不熟悉，在我的记忆中没有这样的景象。

抚心人：梦中说眼前是"一片农村的景象""感觉离大路越来越远了，我心里很着急"。不知道这种着急的感觉你最近有没有体验过？

花无影：有过，但不明显，就是急着要把自己嫁出去。哈哈哈……

她笑了，脸上却流露出一丝尴尬和些许无奈。显然，她想通过笑来掩饰内心的感受。所以，她的笑开始得很突然，结束得也很突然，只能听到笑的声音、看到微笑的表情，却丝毫感觉不到她发自内心的快乐。我初步判断，她对这件事情虽然着急，但她能清晰地意识到，这应该不是梦想表达的事件。如果这样判断，那就还有其他让她着急和焦虑的事情。这些事情会是什么呢?

抚心人：在其他方面有没有令你着急的事情?

花无影：呃，也有，就是心理咨询。

抚心人：心理咨询?

花无影：你问我的时候，我在认真地思考，刚才突然想明白了。对于我之前的那段婚姻，一开始我认为主要是前夫的问题，我没有什么错；后来看了一些文章，读了一些书，我慢慢明白，我应该也有问题，而且我的问题与小时候成长的一些经历有关。那些经历应该与我在姥姥家度过的时光有关，所以梦中才出现农村的景象。我想通过心理咨询来系统地解决这些问题，但听说心理咨询需要的费用很多，时间很长，我就有点儿灰心了。我觉得当下最重要的事情是把自己嫁出去，而不是接受心理咨询，若等咨询结束之后再结婚，那就晚了。甚至有可能接受完心理咨询之后，我就不想嫁给现在的男朋友了。所以，我内心里认为做完心理咨询再结婚不是一条大路，而是条离大路越来越远的小路。但所学的知识告诉我，做了咨询之后再结婚，才可能避免重蹈覆辙。一想到这里，我就会着急。

听她说完之后，我觉得着急这种说法确实与现实对应，但是其中的感受不仅仅是着急，还有矛盾。难道她没有意识到吗？

抚心人：其中的感受仅仅是着急吗？

花无影：刚才说话的时候，我突然意识到，我内心的矛盾和纠结也很明显。

抚心人：具体纠结什么？

花无影：就是不知道如何在两种选择之间做决定，或者说不知道先做心理咨询再结婚，还是先把婚姻的事情解决了，再去做心理咨询。如果说给别人听，别人都会觉得可笑，但我就是这样纠结的。

抚心人：你经常会陷入选择困难中吗？

花无影：呵呵，是的。有时候我会为买什么颜色的衣服这样的小事犹豫半天，何况面临大的选择。老师，这个梦在这方面会有什么提示吗？

她疑惑地看着我。我感觉自己被逼到了墙角，如果不尽快想办法推动进程，后面的分析就会陷入困境。

抚心人：你从梦中紧接着提到的两个小孩子的言谈举止中能领悟到什么吗？

花无影：梦里的小男孩和小女孩我不认识，从来没有见过。他们可能会代表什么？

抚心人：由这个男孩和女孩，你能联想到什么？不妨随便说说。

花无影：我觉得，男孩一般都比较顽皮、理性、勇敢，女孩比较害羞、感性、懦弱，难道是说我具有两面性吗？

抚心人：两面性！哪两面？

花无影：简单地说，就是理性的一面和感性的一面。

抚心人：嗯！这是一个很有意义的理解！能说得再具体一些吗？

花无影：梦中的男孩子大一些，女孩子小一点儿，是不是说我的理性强过感性？

抚心人：你觉得自己的理性更强一些，还是感性更强一些？

花无影：我是医生，当然更理性一些。其实，我一直都明白，问题的根源在于过去、在于童年、在于与父母的关系。我应该找一个心理咨询师，好好探索一下自己的问题，但就是迟迟不能行动。就像，就像……

抚心人：就像什么？

花无影：我明明发现下面有一个山洞，穿过去就到大马路上了，但我半天转不下去，就是找不到洞口。

她的领悟让我有点儿意外。这意味着第三段梦，她真的明白了，而且理解得很深刻。我感到欣慰。

抚心人：或许你没有做好准备。

花无影：确实如此。我好像真的没有做好准备。我觉得这主要是因为我还没有挣到足够的钱，不然我早就接受心理咨询了。

抚心人：你真的了解心理咨询的原理和它的重要性吗?

花无影：不是特别清楚。我没有接受过心理咨询，但听接受过心理咨询的朋友说了自己的感受和变化之后，我对心理咨询保持着谨慎的态度。我相信，心理咨询不是解决我的问题的唯一办法，最多只是一个选项而已。

抚心人：听起来，你朋友的感受和变化对你并没有产生什么积极的影响。

花无影：是的。她做了两年心理咨询，虽然个人的心理问题解决了，状态也比以前好了许多，但是她做完心理咨询后，还是选择了离婚。

她很怯懦地说完这段话后，沉默了片刻。我没有立刻接她的话。气氛显得有些尴尬。我看到她有些不自在，不停地搓手。

抚心人：因此，你就害怕心理咨询了?

花无影：我这样的认识是不是很幼稚?

抚心人：有人认为你的想法幼稚吗?

花无影：有呀，我男朋友经常这么说我。他说我有小聪明，没大智慧，思考问题太偏执，太幼稚，不成熟，简直像个大小孩。

抚心人：你自己感觉呢?

花无影：我有时也觉得自己不够成熟。对了，这是不是就是梦

里会出现两个小孩的原因?

她突然又提到两个小孩，我又一次感到意外。我想找机会帮她解释一下为什么梦中会提到两个小孩，可惜没有找到合适的机会。没想到她主动解释了这两个小孩的意义。我感到了一阵轻松。

抚心人：你能意识到自己内心不成熟的一面吗?

花无影：能。当我理性得像个小男孩的时候，我觉得自己还挺聪明的；当我感性得像个小女孩的时候，又显得自己太幼稚了。其实，说来说去，无论是小男孩还是小女孩，都是小孩子，无论是聪明还是幼稚，都不成熟。

抚心人：呵呵，描述得很形象，理解得很准确，非常好！第三段梦，你觉得还有疑问吗?

花无影：谢谢老师。第三段梦我已经明白了许多。我现在急切地想知道最后一段梦在说什么。从表面上看，这段梦在说另一件事，你觉得和前面的梦有关系吗?

她确实有些着急了，我看到她单脚点地抖个不停。不知道是她对理解第四段梦没有信心，还是害怕不能按时分析完。因为我们规定审梦的时间不超过六十分钟，现在剩下的时间不多了。于是，我决定接着她的话往下问。

抚心人：同一个梦的不同片段之间常常是有潜在联系的，不过我暂时还不知道前三段梦和这段梦的联系是什么，你知道吗？

花无影：那我先说说自己的理解吧。其实这算不上理解，只能算感受吧。说来挺奇怪，最后一段梦跳跃性很大。不知怎么回事，我自己突然出现在路边，时间已经是七点五十分了。现实中，我们单位八点上班，路上要走二十分钟。我平时都在七点三十分去单位，七点五十分去肯定是要迟到的。梦中的感觉非常着急，也非常真切。包括后面总院和分院的说法，主任开会，大家吃零食，我们假装去另一个工作的地方待着，这一切都和现实一样。我甚至在梦中认为这不是梦，而是现实。所以，我想这段梦应该并没有什么特别的意思。

审梦手记

大多数人碰到和现实世界相似的梦，都会觉得没有分析的价值，认为这可能只是现实生活的延续表达而已，但实际上往往并不是这样的。这一点必须得让梦者从认知上接受，否则梦者很难产生探索梦的动力。

抚心人：看起来确实好像没有什么特别的意思，因为梦中所描述的和现实的情况差不多，你可能会以为这只是现实生活的延续。但实际上，这可能是借助现实来表达某种隐藏的意思。你说呢？

花无影：会表达什么样的隐藏意思呢？

抚心人：这得慢慢分析。最后一段梦给你什么样的感受？

花无影：焦虑、紧张、着急、忙里偷闲。

抚心人：这种感觉熟悉吗？

花无影：当然熟悉，这就是我的日常生活，每天都很忙乱，可又无力改变。

抚心人：在梦的最后呈现你生活中的忙乱，想要表达什么意思呢？

花无影：什么意思？忙乱之后，我就无心去考虑其他事情了？

她总是能在关键的时候产生重要的疑问。这让我很高兴。因为，我无须再深入思考，用自己的语言构建新的问题，只需顺着她的疑问提问即可。

抚心人：比如说，你没有心思去考虑什么事情？

花无影：比如说，我就没有心思考虑接受心理咨询的事了。上班忙得要命，下班累得要死，我根本没有精力去接受心理咨询。

抚心人：这也是你无法静下心来接受心理咨询的原因之一吗？

花无影：是的。其实，我已经和几个咨询师都谈过心理咨询的事，但几次都因为工作太忙没做成。即使有一点儿空，也都是在上班的间隙，也不能咨询呀，所以我一直没有做成心理咨询。

抚心人：是呀，工作太忙了，根本没有时间去接受心理咨询。你有没有感觉到，如果以此为借口的话，既合情合理又能说服自己？

花无影：是的，我也有这种感觉。我最近在纠结要不要接受心理咨询。好几个朋友都建议我先接受心理咨询，再开始第二段婚姻。可我就是迟迟下不定决心，你看，这都跑到梦里来了。如果是这样的话，那最后这一段梦我明白了。

花无影：老师，最后你能不能再帮我简单梳理一下这个梦，看看还有没有新的提示或发现？

我能明显感觉到，整个审梦的过程都被她牢牢地控制着，节奏感很强，度把握得非常好。或许这样会让她找回一些控制的感觉，进而增强她对生活的掌控感。现在，她要我帮她梳理一下这个梦。我觉得对于这种比较长的梦，梳理一下的意义还是挺大的。

抚心人：好的，我试着梳理一下。梦一开始说你和男朋友要建立亲密关系却受到了干扰和阻挠，尤其是你男朋友受母亲的影响，丝毫没有立即结婚的意思。于是，你就想重新找一个男朋友，以快速脱单。但是，你内心依然喜欢现在的男朋友，并愿意忠诚于他，所以不允许自己放松要求，降低标准。为什么你会如此留恋男朋友呢？你感觉这可能与自己的童年成长经历有关，但你并不清楚具体是什么样的关联，于是想去接受心理咨询，来探索一下深层的原因。但是，你一直未能真正地行动起来。或许探索童年的成长经历会引发你的焦虑，所以你以各种现实的理由来搪塞，迟迟不去做心理咨询。这其中的原因主要有三个：一是心理年龄不成熟，不能果断地做出判断和决策；二是接受心理咨询可能会花费很多费用，自己目前没有专项的预算支出；三是与工作太忙有关，没有整块的时间来系统地接受咨询。从整体上看，这个梦很好地反映了你当前所面临的问题、对你造成的影响以及未能解决问题的原因。同时，梦也提示你该从哪里着手去做一些尝试和努力。我这么说，你感觉如何？

花无影：这下感觉清楚了许多。你刚才提到为什么我会如此留恋男朋友，有个朋友帮我分析过这个问题，她说我有恋父情结。实不相瞒，男朋友身上有我父亲许多特征，比如长相都很帅气，很讲义气，做事很沉稳，都能给人带来安全感，而且都不够浪漫，不过，这一点我能容忍。小时候，我经常对我爸说："我将来就要照你的样子找一个老公。"我的第一任老公确实长得有点儿像我爸，可是除了相貌，其他方面完全不像我爸。婚后，我们完全没有共同语言，我后悔极了。这一次，我全面考察过了，这个男朋友由里到外都像我爸爸，所以我非他不嫁。呵呵，老师，你别笑我幼稚啊。

她又笑了。我没有笑，表情平和。虽然她在整个分析过程中喜欢笑，但她这种笑大多数情况下不是缘于开心，而是缘于无奈和尴尬。

抚心人：不会的。你这么说了以后，我感觉更能理解你所面临的问题了，只是不知道你现在是否完全清楚自己所面临的现状和问题。

花无影：清楚了！谢谢老师！最后，我还想再问一下，这个梦是不是在提示我，要想把我和男朋友的关系处理好，一定要接受心理咨询？

抚心人：好像没有这样的提示，只是你一直在纠结是否要接受心理咨询，所以才做这个梦。其实，要处理好你现在所面临的问题，接受心理咨询是积极的选项。你觉得呢？

花无影：是的！我明白了。最近几年，我觉得自己的生活和感情严重失控。看来，我的确得好好规划一下生活，重新找回对感情的掌控感。谢谢老师的精彩分析！

抚心人：好吧，那今天我们就分析到这里吧。

花无影：好的！谢谢老师。

抚心人：不用客气！

在她说“谢谢老师的精彩分析”时，我抬头看了看挂在我对面的钟表，时间已经超了五分钟！她并没有注意到已经超时，却巧妙地暗示要结束，且没有“纠缠”，这让我有些意外。我把那两张印有梦的纸递给她，叮嘱她保管好，然后慢慢地站起来。她收起纸后，也跟着站了起来，再次向我表示感谢，并发出一声赞叹：“这里真是一个神奇的地方！”我能感觉到，她对今天的分析比较满意。走到门口时，她转过身来问我：“我能不能介绍一个朋友来找你分析梦？”我微笑着对她点了点头，目送她出门。

4

失恋之后

古城三月的天气阴晴不定，时而阳光灿烂、晴空万里，时而细雨绵绵、乌云密布，时而微风拂面、温情脉脉，时而雷声阵阵、大雨瓢泼，宛若多愁善感的青春少女。早上出门的时候只是阴天，走到半路时就淅淅沥沥下起了小雨，快到研究中心的时候，雨已经下得很大了。我没有带伞，于是直接开车进了地下车库。

我心想，今天路上肯定会很堵，汪梦谨、苗审严和今天的梦者肯定会迟到的，于是准备给他们打电话，让他们不用急。我还没翻到电话，就已经听见敲门声，打开门后，出现在我眼前的有三个人：小李和小张站在后面，最前面是一个陌生人，应该是今天的梦者于是乎。

于是乎，男，21 岁，白净斯文、温和友善，两年前去韩国留学，一直没有回过国，最近自觉状态不佳，便请假回国省亲。他本来只想回家待几天，没想到被一个印象深刻的梦境困扰，忧心忡忡，后来在其表妹的推荐下，前来寻求梦境分析，以解心头之惑。

于是乎：你好！我是来找抚心人老师分析梦的。

抚心人：我就是，你是？

于是乎：我叫于是乎，之前和你预约过。今天走到半路，突然下起了大雨，路上堵得不行，所以迟到几分钟。

抚心人：没关系，快进来吧。你没有带伞？

三人一起进来后，我便示意于是乎进工作室。我注意到，他的头发有些湿，衣服也湿了。

于是乎：伞就在车后备厢里，但不好找，而且从车到楼下的距离比较短，我就冒着雨跑过来了。对了，刚才那两个人是咱们的工作人员？

抚心人：是的，你刚才没有看出来？

于是乎：我以为他们也是来找你分析梦的，生怕我排到后面了，所以就赶紧挤到最前面……

抚心人：刚才敲门的是你？

于是乎：是的。我排在最前面，所以就敲了。

他这么说的时候，刚才清脆的敲门声又出现在我耳边，这个声音和汪梦谨敲门的声音很像。我有些纳闷。

抚心人：噢！你要不要来一杯热水？

于是乎：不了，谢谢老师。那个梦我已经让我表妹转发给你了！你收到了吗？

抚心人：收到了，风来香是你表妹？

于是乎：是的。她最近正在看你的书，是她推荐我找你分析这个梦的，希望你能帮我好好解释一下。

风来香是中医药大学心理系的学生，暑假前她在图书馆看到了我的书，扫二维码加了我的微信，还问过我几个问题。几天后，她发了一个梦给我，说是自己表哥的梦。当时我并没有仔细看，因为中间隔着梦者表妹，我更愿意与梦者面对面分析梦。

抚心人：这个梦你还记得吗？

于是乎：当然，印象深刻，非常清晰。

抚心人：你能把梦讲一遍吗？

于是乎：好的。梦是这样的。我和小雨到郊外游玩，我们不知为了什么事突然吵架了。她骑着车子就走了，剩下我一个人在那里不知如何是好。这时，我发现天灰蒙蒙的，快要下雨了，却找不到一个可以躲避休息的地方。我打了她的电话，没人接，心里非常着急。我一个人在野外，无处可去，心中充满了焦虑。

场景忽然一转，在我家里，妈妈陪我聊天。先是很高兴地聊着，突然，她开始指责在我们家租住的一个住户，说他把家里的房间搞得乱七八糟，之后便破口大骂。我本想劝劝我妈，却不知如何相劝，同时心里还有几分怨气，觉得她把家里的气氛搞僵了。妈妈反复告诫我，在这个世界上，我是她最牵挂的人，让我一定要听话，不要辜负她的一番苦心。

接下来，画面又跳转了。好像我正在上课，妈妈突然打来电话，让我一定要考研。我不同意。她说了许多理由，我表示不能接受。后来，我们在电话里大吵了一架。挂断电话，我非常委屈。然后我就醒了。

梦就这么多，我讲完了。

抚心人：你对自己的梦有初步理解吗？

于是乎：我不知道该怎么说，基本上不太理解，只是有一点儿感觉而已。

听他说“只是有一点儿感觉而已”，我心中甚喜。在梦者看来，他只是呈现了一个事实，并没有什么特殊之处；而在审梦师眼里，这句话是求之不得的线索，只要抓住就能快速打开局面。

抚心人：可以先说说你的“一点儿感觉”吗？

于是乎：我最近有些焦虑，梦里也是焦虑的。我不知道这个梦是不是在说我的焦虑。

抚心人：你最近的焦虑是怎么回事？

于是乎：应该是分手导致的吧。

抚心人：你谈恋爱了？

于是乎：是的，谈了三个月。起初感觉挺好，时间一长就发觉两个人合不来，经常吵架，所以就分手了。

恋爱、吵架、分手、焦虑，这几个词很快就被择出来，浮现在我的脑海中。虽然仅凭这几个关键词所呈现的潜在逻辑关系，我就差不多能初步猜出背后的问题，但我要控制猜测的冲动，否则会引起不必要的阻抗。我注意到，他把这么复杂的事情两三句话就说完了。看来，事情的过程暂时不是他所关注的重点，结果才是。所以，接下来的提问要围绕着结果进行。

抚心人：分手后感觉如何？

于是乎：感觉不好，一个人挺无聊的，甚至有点儿迷茫。

抚心人：这种无聊和迷茫的感觉都是由分手引发的吗？

于是乎：不知道，不好说，至少与分手有一定关系吧。

抚心人：你的女朋友是一个什么样的人？

于是乎：她是我同学。

抚心人：什么时候的同学？

于是乎：我的高中同学，我上高一，她高我一级。有一次，我被几个坏同学欺侮，小雨正好路过，她虽然是个女孩，却勇敢地站了出来，大声喝退了那几个小混混。之后我听说，为首的小混混以前追过小雨，而小雨不喜欢他。我为了感谢小雨，单独找过她几次，她对我没有坏印象。就这样，我们俩开始暗中交往。她算是我谈的第一个女朋友吧。我们的关系只维持了不到三个月，她又喜欢上了我们学校的另一个男孩子，于是我失恋了。

抚心人：然后呢？

于是乎：然后，我很平静地度过了接下来的两年。高三毕业那年，我出国了，去了韩国。到韩国不到一年的时间，我就认识了小露。

抚心人：小露是谁？

于是乎：就是刚刚分手的女朋友。她也是中国的留学生，比我早去了一年。她现在读大三，我读大二。

这里有两条思路可以考虑：一是直接关联，让他思考小雨和小露的相似之处；二是继续问他和小露的关系，再找机会促使他领悟两人之间的关联。权衡之后，我决定先按照后一条思路分析。

抚心人：你们是怎么认识的？

于是乎：我们是在图书馆认识的。刚交往的时候，彼此感觉都不错，都很喜欢对方，但是时间一长，问题也就多了。我这个人比较敏感，比较细心，而她比较粗线条，经常顾及不到我的感受，还背着我和别人交往，为此我们经常吵架。在一次大吵之后，我伤透了心，于是决定和她分手。

抚心人：你和小露分手之后，有什么感受？

于是乎：我很焦虑，做什么事都不能静下心来，心情特别差，都快抑郁了。我一个人在韩国留学，一开始很孤独，自从见到小露后，我感觉就像是在国内一样，放松、自在、有幸福感。然而分手后，我感觉自己就像从天堂掉到地狱一样，心情沮丧，痛苦不堪，甚至连个说话的人都没有。

我不知道他说这些话的时候有没有注意到梦的第一部分中对天气和情绪体验的描述，我很希望他能主动把两者关联起来思考。但从他的反应来看，若我不提示一下，估计这个领悟的大好机会就要错过去了。

抚心人：这种感觉和梦中的感觉相似吗？

于是乎：有些相似。和小露吵架后，我回想起了许多和小雨曾经在一起的感觉，真的很相似。

抚心人：什么感觉？

于是乎：都是让人很压抑、很焦虑的那种感觉，打一个不恰当的比方，很像下大雨前却找不到伞时的感觉。

抚心人：你打了一个非常恰当的比喻！关于梦中的第一个场景，你现在能理解吗？

于是乎：你连续问了这么几个问题之后，我现在大概明白第一段梦的意思了，好像是在借小雨来说我和小露吵架后，对我心理上造成了一些负面影响。

他的领悟还是比较准确的。看来我低估了他的理解力。他若能理解

第一部分，后面的内容就好办了。本来我想顺便问问他和小露之间究竟发生了什么事情，但是想到他可能的处境，我临时决定换一个方向。我想了解一下他的家人对此事的知晓情况及态度。这么做主要基于两个方面的考虑：一来梦中出现了他的妈妈；二来我很想知道他的处境。这也是审梦过程中安全评估的需要。

抚心人：你在韩国发生的这些事情，家里人知道吗？

于是乎：你是问我妈妈吗？

抚心人：你的意思是？

于是乎：噢！忘了告诉你了，我八岁时父母就离婚了，我和我妈过。他们离婚后，我爸爸基本上没有来看过我，所以你说家里人时，我只能想到妈妈。

抚心人：你印象中的爸爸是一个什么样的人？

于是乎：我没什么印象。听我妈说，他身上的习惯很不好，而且做了许多坏事。我妈简直都快恨死他了，说我爸毁了她的一生，把她的生活搞得乱七八糟。自我记事起，我妈就没有说过我爸一句好话，只要一说起他，必定怨恨无比，臭骂一通。

“乱七八糟”，当他提到这个词的时候，我突然想起梦的第二部分中提到一个住户“把家里的房间搞得乱七八糟”。这两个“乱七八糟”放在一起意味深长、意义重大。我得让他在这里停顿一下，不能错过这个重要的信息。

抚心人：梦里，你曾经用“乱七八糟”这个词形容过在你们家租住的一个住户，刚才说起你爸的时候，你说你妈也用了“乱七八糟”这个词，不知道你有没有注意到。

于是乎：嗯，其实刚才我也意识到这个问题了。记得我妈曾经对我说过一句话，“你爸就是一个租住在咱们家的不交房费的钉子户！”意思是说，我爸挣的钱只管自己花，只图自己在外面花天酒地、逍遥快活，根本不管家里人的死活，没有丝毫责任心。

抚心人：你是说梦里的租户就是你爸爸了？

于是乎：是的，我能确定，应该就是他，这很符合实际情况。梦原来是这样分析的呀！

抚心人：这样分析你能接受吗？

于是乎：嗯，能，这样挺好！老师，我们继续分析吧。

他说着，脸上露出灿烂的笑容，显然他为自己的领悟感到兴奋。这表明他对梦的分析产生了兴趣。真是难得呀！如果梦者有了兴趣，就不愁后面的分析了。

抚心人：你怎么看父母的婚姻？

于是乎：我觉得他们的婚姻就是一个彻头彻尾的错误。

抚心人：何出此言？

于是乎：唉，说出来都是泪呀！我妈是一位小学老师，她工作认真负责，受人爱戴，做事雷厉风行，追求完美，个人能力很突出，领导对她很器重。可惜，当年她嫁错了人，鬼迷心窍嫁给了一个会说甜言蜜语、擅长坑蒙拐骗、喜欢吃喝嫖赌、没有家庭观念、缺少责任意识的男人。婚后，我妈的日子过得很凄苦，生我前两个人本来就老吵架，以为生了我之后能好一些，没承想，生完我之后情况越发糟糕。我妈实在受不了，就强烈要求离婚，任凭亲朋好友怎么劝都没有用。后来他们就离婚了。我爸居然出人意料地决定净身出户，这算是我对他唯一的好印象。

听到这里，我心中不禁生出一连串疑虑：为什么妈妈要极力在孩子面前破坏爸爸的形象？这种做法对孩子产生了什么样的影响？孩子对爸爸的印象究竟是怎么形成的？我感觉弄清这些问题对理解这个梦有很大帮助。

抚心人：这些话，你是从哪里听来的？

于是乎：主要是我妈说的，姥姥也说了一部分，当然也有一些是我自己的观察。

抚心人：他们离婚后，你见过爸爸吗？

于是乎：早些年见过几次，后来再也没见过，我都快把他忘记了。记得有一次，我爷爷来看我，他说我爸爸在泰国当导游，日子过得不错。我当时没说话，却还是受到了影响。

抚心人：什么影响？

于是乎：本来我想到泰国去玩，听说他在那边当导游，就打消了去泰国的想法。呵呵，我生怕遇到他。

抚心人：这些年，你一直和妈妈生活在一起？

于是乎：是的，主要是我妈一直照顾我，姥姥和小姨也经常照顾我，年纪大我十几岁的表姐对我也很关心。

他成长中主要的照料者都是女人，缺少男性的影响，自然会诱发更多的女性气质。此时，我细细地看了看他，皮肤白嫩、脸庞清瘦、头发微长、光滑柔顺、四六开分，一副金边眼镜架在鼻子上，显得文质彬彬，确有几分女性的气质。不知道他能否意识到成长中的这些经历给他带来的影响。

抚心人：你有没有注意到，这些关心和照顾你的人都是女性？

于是乎：是的，我注意到了。可是，又有什么办法呢？我姥爷去世得早，舅舅在外地工作，姨夫和我交流很少。我从幼儿园到初中，所有的班主任清一色全是女的，经常出现在我身边的亲人几乎都是女性。我有时候讨厌她们，却离不开她们，毕竟她们是最爱我的人呀。

抚心人：那你和班里的男同学交往多吗？

于是乎：总体来讲比较少，和女生交往比较多。班里的女生都很喜欢我，我们都能谈得来，几乎无话不谈，但男生们都离我很远，几乎没有人愿意和我交朋友。

抚心人：你从什么时候开始注意到这个现象？

于是乎：初二下半学期的时候，我向我妈说过。但我妈只顾着忙工作，根本没听懂我说的话。

抚心人：你还记得当时怎么跟妈妈说的吗？

于是乎：我说得很委婉，大概意思是我和女生的交往太多了，和男生处不到一块儿。

抚心人：你妈怎么回应你的？

于是乎：我妈大概的意思是初中是人生的转折点，很关键，她不同意我在初中谈恋爱。我觉得那个时候她根本就没有和我在一个频道上，甚至她都不知道我要表达的意思。

他说着说着，慢慢低下头。看得出来，他对妈妈确实挺失望的，不知其中是否还掺杂埋怨的成分。

抚心人：你埋怨过她吗？

于是乎：不埋怨她。因为即使她知道了实情，也没有什么办法。我上高中以后，一次偶然的机会，我发现我喜欢上了一个女同学，就是梦里的那个小雨。有一次，小雨的妈妈找到我家，让我妈好好管管我，还说她不反对女儿和男生交往，但绝对不会让女儿和一个“娘炮”交往。那个时候，我妈才开始重视这个问题。她在网上查阅各种资料，还给我请了心理咨询专家，做了半年多咨询，几乎没什么效果。最后专家的建议是，这种问题的形成与从小的成长环境关系密切，不是一时半会儿能改变过来的，也没有必要去刻意改变孩子的气质，只能顺其自然，因材施教。我妈得知这个事已经成了定局后，非常伤心，她无法忍受小雨的妈妈把我称为“娘炮”。高三毕业时，她建议我出国留学，我同意了。于是，她就瞒着亲朋好友，帮我张罗出国留学的事。那个时候，我只知道妈妈是为我好，于是按照妈妈的计划去做了。

抚心人：你去哪个国家留学？

于是乎：韩国。

审梦手记

审梦师的好奇心是分析成功的重要前提，但有时候也会引起不必要的阻抗，影响分析的进程。一般来讲，能促进分析的问题往往都是与梦境分析紧密相关的内容，那些与梦境没有直接或间接关联且可能触及个人隐私信息的问题，最好不要随便问。

抚心人：去韩国后，你感觉怎么样？

于是乎：刚去韩国时，我感觉一切都很新鲜，还算能适应，就是经常会孤独。后来我认识了一些同样来韩国留学的中国学生，就开始和他们交往，感觉还不错。去韩国后，我妈不太放心，天天给我打电话，一聊就是很长时间，而且经常哭诉、抱怨，说她对不起我，没有把我教育好，又说自己命苦，嫁给我爸这样不负责任的男人。听到这些话，我心里很烦。她不理解我，只是一味地向我吐苦水，表达她的焦虑和烦恼，一味地要求我听她的话。我很生气。

抚心人：为什么生气呢？

于是乎：事已至此，说这些有什么用呢？她自己没有把日子过好，也没有把我教育好，现在说这些除了增加烦恼，没有任何意义。

抚心人：你生妈妈的气吗？

于是乎：是的，我很生气。她整天这样哭闹，让我很焦虑。尤其是我最近和小露分手了，心里本来就不好受，她还不停地烦我，我简直要气死了。我刚回国第二天，我们聊天时，她又要求我考研。我终于忍不住了，狠狠地发了一顿脾气，甚至以死威胁。之后，她才终于软了下来，同意尊重我的意见和选择。

抚心人：你有没有注意到，你刚才所说的这些话和最后的这段梦所表达的内容很接近？

审梦手记

“注意到”这个词很重要，它既可以表示审梦师对梦者所说的话给予了高度关注，又提示审梦师所站的立场是客观公正的，不掺杂任何主观意愿，而且可以很好地提示审梦师要尽量保持价值中立。

于是乎：是很接近，我刚注意到。

抚心人：你毕业后有什么打算？

于是乎：我毕业后想从事我的专业——服装设计，我很喜欢这个专业。我不想按照我妈妈设计的道路过日子，我有自己的打算。我妈妈就是老传统，听了小雨的妈妈骂我是“娘炮”，就一直觉得我的前途一片漆黑，生活暗淡无光。其实我并不觉得自己的“娘”是多大的问题，最多就是多受一点儿别人的白眼和歧视，再就是有些女生不喜欢我，但还会有别的女生喜欢我呀。

抚心人：你有没有和妈妈说说自己的这番话？

于是乎：目前还没有说，话还没有说到那个份儿上。不过，我要找机会和她好好谈谈。

抚心人：嗯，那就好。现在你能理解自己的梦了吗？

于是乎：大概能理解了。

虽然他嘴上说自己“大概能理解了”，但通过他的表情可以看出，他仍然有点儿茫然。如果就这样结束，他可能还会有些不满意。于是，我想再引导他梳理一下这个梦。

抚心人：关于这个梦，你能从中领悟到什么？

于是乎：不好说，大概是说我所有情感问题的根源都是我太娘了。

抚心人：应该远不止于此吧！

刚说完这句话，我就有些后悔了。因为这句话似乎是在提示他，我已经知道许多意思，故意不说。这更容易引起他的依赖。我得赶紧找机会扭转一下局面，否则会显得我过于主动。

于是乎：看来老师已经看到更多内容了，你帮我梳理一下吧。

抚心人：我自然看到了一些内容，但那是我的理解，不能替代你的理解。你尽可以随意说，说错了、说偏了都没关系，我会及时补充的。可以吗?

于是乎：我觉得这个梦在说我和女朋友吵架引发了我的焦虑，究其根源，与我的成长经历分不开。如果我小时候家庭幸福，父母关系和谐，情况不至于如此不堪。原本这一切都是父母教育的问题，妈妈却一味地向我提要求，为我设计未来，这让我无法接受。我本来就心情不好，所以很生气！是这样吗?

抚心人：说得不错！还有吗?

于是乎：没有了，老师你补充吧！我想听你说。

看来没有办法了，前面一句话说错，局势一下子扭转不过来了。他已经说了自己的理解，我再鼓励估计也不会有太大作用，可能还会引起阻抗。看来，我必须得补充一下，不然就无法收场了。

抚心人：其实你说得很不错！我顺着你的意思稍稍扩展一下，梳理一下其中的逻辑关系。梦的第一部分说你和女朋友因为吵架而分手了，心情不好，很焦虑。第二部分说为什么会成为这个样子，原因就是你爸爸和妈妈在结婚后，爸爸把家里搞得乱七八糟，妈妈无法忍受，所以就离婚了。之后，你便成为妈妈最关注的人。正是由于妈妈太关注你了，对你的影响太大了，最终导致你出现了“娘”的倾向。你是一个无辜的受害者，所以才会心生怨气。第三部分讲的是，在你心生怨气的情况下，妈妈不但不理解你，而且一味地提要求，让你考研，你内心非常抵触。经过与妈妈反复沟通，你终于说服了妈妈。尽管一切如你所愿，但回想往事，你仍然感慨万千，委屈不已。我这样梳理，你有没有什么启发？

于是乎：嗯嗯，是这样的，我明白了。你梳理完之后，这个梦的意思更清晰了，逻辑更完整了。这个梦，我已经明白了。不过，还有一个问题，我想顺便问问老师。

抚心人：什么问题？

于是乎：我顺便问一下，有没有什么方法能增强我的男性气质？虽然我觉得没什么，但我还是想通过自己的努力改变一下，毕竟“娘”是那些女朋友离我而去的根本原因。老师可以帮我想想办法吗？

他终于关注到梦的背后隐藏的这个问题了。我虽然没有深入地研究过这个问题，但对此有一些心理学视角的认识。既然他问到了，我就说说我的认识，或许还能帮到他。

抚心人：那我就谈谈自己的粗浅认识，仅供参考。

于是乎：老师，你客气了，你说，我会谨记在心。

抚心人：一个人的女性化气质过多，就是人们常说的“娘”，这主要与家庭教育、生活环境以及成长经历有关，当然也可能与气质类型的遗传有关。

于是乎：应该不会是遗传，我听说我爸爸不是这样子的，应该与家庭教育、生活环境以及成长经历有关吧。不好意思，打断你讲话了，你继续说。

抚心人：孩子在三到五岁的时候，处在性别角色分化的重要阶段，此时，男孩和女孩会产生性别意识，他们会认识到自己是个男孩或女孩，并不断地确认或求证自己的性别。到了青春期，还有一次性别角色的再确认，大约就是在初中或高中完成的。这个时候，男孩会向男性认同，并以自己认同的对象作为成长的榜样，这个人往往都是父亲。如果父亲角色缺失，男孩就会缺少一个可供认同和内化的便捷对象，缺少成长目标的牵引，于是就可能选择向异性认同，而这个异性通常就是母亲。之后，这种认同还会泛化至其他女性，进而会大大强化这种女性气质。当然，这其中还有一种可能，就是男孩为了逃避男性所要肩负的社会责任或家庭责任，选择向女性认同，因为这样做可以避免面对激烈的竞争。同样的道理，女孩也是如此。我这么说，你能理解吗?

于是乎：差不多能懂。我从小生活在一个有问题的环境中，在上小学和中学的时候，女性气质就在我身上逐渐显现出来了。其实，我也很想阳刚起来，像个男人一样，但就是不知道怎么回事，内心总是感觉很脆弱，很敏感，感觉心里住着一个女孩。老师，有什么好的办法让我改变吗?

抚心人：没什么立竿见影的办法。不过，以后你要尽量多在意志力方面进行训练，尽量多读一些励志小说，多看英雄人物传记，多看战争片、警匪片，多参加男子团体运动，如打篮球、踢足球等。贵在坚持，持之以恒。你能做到吗?

于是乎：能做到。我都记住了。

抚心人：那今天就到这里?

于是乎：谢谢老师!

抚心人：不客气!

说完，他沉默了片刻，然后站起来，往外走了两步，又回过头看了我一眼，道了声“谢谢”，转过身，径直出门。汪梦谨走过来，送他出去。我转身回来，发现窗外的雨已经停了。我将房间的门窗全都打开，一股清新的空气飘了进来，如同终南山里富含负氧离子的空气一样，闻之让人神清气爽，沁人心脾。房间里，巴西木的叶子轻轻地摇摆着，沙沙作响，仿佛有话要说。

我拿出梦例记录本，半天没写出一个字，心中却有千言万语。不知道还有多少孩子正处在像于是乎小时候一样的成长环境中，也不知道还有多少家庭正在犯同样的错误。作为父母，对孩子的成长，除了要关注细节，还要有宏观上的规划，否则，方向错了，即使再有能力的专家学者也无法在短时间内扭转乾坤。优秀的父母，并不是在孩子出了问题之后才尽力去想办法解决，而是在平时就要仔细观察孩子，保持与孩子的良好沟通，保持对孩子的均衡影响，营造积极、健康、融洽的家庭氛围，为孩子健康成长提供促进性、支持性的客观环境。

5

销卡风波

早上八点五十分，我像以往一样正常上班。刚进研究中心大门，汪梦谨就快步走到我跟前，神秘兮兮地对我说：“老师，昨晚我梦见有人撞我家的门，吓得我使劲地顶着门，感觉快要顶不住了，我被吓醒了。这个梦是怎么回事？”我边往里走边问她：“那个人是男的吗？”她回答：“是的！”我又问她：“有男孩追求你吗？”她听罢尴尬地笑了笑，走开了。这时我听见大厅里站着的苗审严笑出了声。

笑声未止，就听见身后传来一个女人的声音。来人就是今天的梦者风波婷，她三十二岁，气质优雅，为人善良，做事雷厉风行，工作能力超强，研究生毕业六年，现在一家私企做高管，还兼职做心理咨询师。婚后五年因感情不和离异，至今单身，虽然追求者不断，但一直不敢深交，对此深感困扰。近一周，怪梦连连，睡眠很浅，整日浑身疲乏，焦虑不堪。

风波婷：你好！您是抚心人老师吗？

抚心人：你好！你是？

风波婷：风波婷，前天和你约好要分析梦的。

抚心人：知道了，请进吧！你要一杯咖啡吗？

风波婷：好，谢谢。

我示意她进工作室。她不急不慢，一边东张西望，细细地打量着这里的环境，一边评头论足，时不时发出赞叹声。我们刚刚落座，汪梦谨就快速地递上一杯热咖啡。她接过咖啡，微微点头致谢，目送汪梦谨出门后，才转过头来满脸狐疑地看着我。

抚心人：可以说说你的梦吗？

风波婷：分析梦真的能帮助到我吗？

抚心人：你希望得到什么样的帮助？

风波婷：我也说不好。最近我总是很迷茫，很焦虑，无心工作。怪梦很多，就是记不住，一起来就忘记了。前天好不容易记住了一个梦，还得请老师帮我指点迷津。

抚心人：可以详细地描述一下这个梦吗？

风波婷：好的。这个梦比较长，一共有四个部分。梦一开始，我要到一个小屋子里办理一项业务，好像是去注销一张电话卡。我填好了一张单子，却发现表头填写错了，在单位一栏写了原单位。工作人员走过来客气地对我说，“你太心急了。要么你先别急着注销电话卡，我重新给你办一张同号码的卡，这样你就可以继续用了。注销号码的程序实在太复杂了，要填许多表，经过很多审核手续。”我说，我实在不想要这个号码了，我就想重新办理一个，程序再复杂也要办理。工作人员说可以办理，但得先把卡里的欠费缴清楚。我从包里拿出一堆硬币，里面还有子弹壳、项链、戒指和耳环。我还讲了许多话，具体记不清楚了，似乎我想以这些东西来抵销手机的欠费。经过一番忙活，我终于把卡注销了，心里感到一些轻松，同时又有一些沉重。

画面一转，我来到一个小型展厅，展厅中间挂着一张合影。照片上的女人有点儿像我，另一个人是个男的，但看不清是谁。我正在参观的时候，身边突然出现一个男摄影师，他邀请我去一片草地上参观。然后，他围着我拍照、摄像，还制造出许多光怪陆离的漂亮景象，引来许多朋友。他们在草地上一起翩翩起舞，舞姿特别优美。突然有一个声音说，这个舞会就是为我而举办的。我感到很快乐，很幸福。

接下来，天突然变了，下起了零星小雨，屋子的窗户没有关，我赶紧回到屋子里关窗户。那个摄影师拍完照后想进来避雨。我说，“这是我睡觉的地方，不适合别人进来。”这时，我的一个同事进来了，摄影师出去了。过了一会儿，摄影师又进来了。我让摄影师出去，他不出去，还笑嘻嘻的，要过来碰我。我知道摄影师喜欢我，想接近我。我生硬地拒绝了，然后他就生气地摔门而去。

最后，场景又变了。突然间狂风大作，大雨倾盆。我赶紧起来关窗，然后回到被窝里。我一侧头，忽然看到前夫来了。他握着我的手，过了一会儿，又松开了手，走过去跟我同事说话。我看不到他们，不知道他们在我的屋子里还是在隔壁。这时，我听见他在骂我同事，“咨询效果不好！”我躺在床上大声问摄影师，“到底是哪个咨询师做的咨询？”摄影师没说清楚。这时，我很想拉他的手，但睁开眼睛却看不到人。然后我就醒了。

抚心人：这个梦是什么时候做的？

风波婷：就在两天前，大约凌晨一点钟。我专门半夜起床把它记录下来。

她说着就从包里掏出一张纸，打开，双手递了过来。我接过来一看，是她用圆珠笔记下来的梦，上面还有一些修改的痕迹，但总体上字迹工整，遒劲有力。

抚心人：你对这个梦有初步的理解吗？

风波婷：老师，我的这个梦内容复杂，画面不停地变化，我不知道从哪里入手。

抚心人：梦醒之后，你对梦的哪一部分印象最深刻？

风波婷：男摄影师。

抚心人：男摄影师在梦中给你留下了什么样的印象？

风波婷：感觉他很浪漫，会制造气氛，让我获得了美的感受。

抚心人：可是，梦中的他在屋子里的表现并没有让你感觉到浪漫呀。

风波婷：是的。他在屋子里想亲近我，让我非常反感，所以他就生气了，摔门而去。

她在说“让我非常反感”的时候，看起来很平静，脸上并没有厌恶或反感的表情，感觉很淡然，似乎只是在语言层面说一说而已，内心没有在意。我感到诧异。

抚心人：梦里你知道他喜欢你，却在他亲近你时拒绝了他。这是为什么?

风波婷：因为，因为我感觉他可能会对我有非分之想。我觉得我们的关系并没有好到那种程度，所以拒绝了他。

抚心人：非分之想?

风波婷：是的。他直接走过来，就想抱我。我本能的反应就是拒绝他。我不是那种男人献点儿殷勤就赶紧投怀送抱的女人。

抚心人：在你的生活中，有没有这么一个会浪漫、喜欢你并且想亲近你，你却认为他有非分之想而产生反感的男人?

风波婷：其实，刚回答你的提问时我就想到了，现实中确实有这么一个人，就是我现在的男朋友。他是我离婚后不久认识的。

抚心人：他是一个什么样的人?

风波婷：他是一个私企的副总，人挺浪漫的，喜欢旅行、摄影。在与我交往的这段时间里，他经常会送我一些鲜花、首饰、衣服或小礼物什么的，有时候还会带我去看演唱会、音乐会，或者参加舞会。我知道他喜欢我，但不知道为何，我不能接受他亲近我。

说到这里，她突然停顿了一下，脸上露出尴尬的表情，似乎对自己的做法有些意外和不解。我隐隐约约地觉得她的内心深藏着一种顾虑。

抚心人：你有什么顾虑吗？

风波婷：现在想一想，我不能接受他的亲近，主要是因为他这个人对什么女人都很好，并不专一。他已经单身三年了，好像并不着急结婚。他接触的女人很多，我不想成为他众多喜欢的女人中的一个。如果他对我一心一意，或许我就没有这么反感了。

抚心人：你怎么知道他接触的女人很多？

风波婷：他经常会突然失联几天，经常会突然出现在外地，经常会深夜不回家，经常半天打不通电话，经常半天不回微信。凭我的直觉，他对我不是一心一意的，而且我质问过他，他并没有完全否认。

抚心人：这么说，你能确定梦中的摄影师就是你的男朋友了？

风波婷：是的，我能确定，就是他，但我不能确定展厅里那张合影上的男人是谁。

抚心人：当你看那张合影的时候，你有什么样的感受？

风波婷：我感觉好像有点儿难以割舍，好像还有点儿难过。

抚心人：难过？难以割舍？这两个词语形容你和谁的关系比较

恰当？

风波婷：当然是与我前夫了。您要这么说，我觉得合影上的男人有可能是我的前夫。

抚心人：能谈谈你和前夫是因为什么离婚的吗？

风波婷：当然可以。我前夫当过兵，由于两地分居时间太长，照顾不了家庭，他选择了退役。退役后，他对家庭非常照顾，但是我们之间的矛盾越来越多了，经常为一些小事吵架。比如，我买一件衣服，如果没有砍价，他就认为我买贵了，要和我吵几天，说我太浪费，不懂得节约；如果我去他家，没有大声叫他父母“爸妈”，他就会和我吵几周。他是那种特别听父母话的人，生活上特别节约，舍不得多花一分钱，对自己要求苛刻，对别人也非常吝啬。为此，我说了他很多次，但一点儿作用也没有起。我们还是经常会为一些鸡毛蒜皮的小事吵个没完没了，很影响家庭气氛，对孩子的成长特别不好。我觉得从根本上讲，我们两个人的成长环境不同，性格和价值观差异太大了，于是，我提出了离婚。

后面几段梦的内容很丰富，其中还涉及咨询师。我判断，他们肯定和咨询师打过交道，这其中或许隐藏着他们为了挽救婚姻而做的一种尝试——心理咨询。想到这里，我突然找到了分析的方向。

抚心人：你们没有为挽回婚姻做任何努力吗？

风波婷：有的。起初家人和朋友劝我们再好好沟通一下，我们也做过一些深度的沟通，但是只坚持了两周，之后还是不行。我不能容忍他，他也不能接受我。再后来，有一个朋友建议我找一个专门做婚姻咨询的心理咨询师，我们照做了。

抚心人：心理咨询师怎么说？

风波婷：咨询师说我们都固守着原生家庭的关系模式，都企图改变对方，让对方顺应自己，成为自己期望的人，但双方都不愿意为了对方而做出改变，所以就造成婚姻中的冲突和矛盾，之后又教给我们一些夫妻相处的方法和技巧。回去之后，我们并没有很好地坚持，因为问题的根源太深了，不是简单的方法和技巧就能解决的，从根本上讲，是性格和价值观的对立。咨询师看到我们的态度都这么坚决，对我们彻底失望了，她建议我们离婚，重新选择自己的幸福。

抚心人：咨询师建议你们离婚？

我听到咨询师的这个建议，万分震惊，甚至不相信自己听到的话。咨询师怎么能替来访者做决定呢？何况是这么大的决定！

风波婷：是的。咨询师不得已才这么说。当然，这也是我们的意思，只不过让咨询师确认了一下而已。

抚心人：你老公怎么看待咨询师？

风波婷：正如梦中所说，我老公认为咨询效果不好，心里有点儿责怪咨询师，说我们找的咨询师不够专业。

显然，她老公不想离婚。我很想再了解一下她老公不想离婚的背后原因，可是，为了保证分析的连续性，我决定先沿着原来的方向继续分析。

抚心人：第四段梦中的同事是谁？

风波婷：应该就是咨询师吧。

抚心人：你的同事是咨询师，这怎么解释？

风波婷：当时，我和前夫关系不好，我利用业余时间学习心理咨询，并且拿到二级心理咨询师证书。在学习期间，我认识了许多咨询师老师，并且还和他们在同一个机构兼职做咨询。所以，那个给我们做咨询的咨询师算是我的同事吧，只是我们并不常见面，相互并不熟悉，仅几面之缘。

抚心人：噢！你对咨询的效果满意吗？

风波婷：我当时觉得没什么，反正离婚是我们自己的决定，又不是咨询师一个人的主意，所以我并没有责怪咨询师。但随着我学习的东西越来越多，我觉得那个咨询师的水平不够高，经常会在分析问题时掺杂一些她主观的猜测和评判，这虽然不是根本原因，却起到了推波助澜的作用。怪不得我前夫说咨询效果不好。后来，我也有点儿后悔了。我觉得，我们并没有尽全力挽回彼此就分手了。对此，我一直耿耿于怀。

抚心人：你真的后悔吗？

风波婷：我起初觉得已经尽力了，并不后悔，后来发现我们找的咨询师水平太差，感觉并没有尽力，只是走了个形式而已，所以略感后悔，但一切都为时已晚。后来，我就不再想这件事了。

抚心人：不想这件事了，是因为发生了其他什么事吗？

风波婷：也没什么事，就是认识了一个新的男朋友。

抚心人：就是梦中的摄影师吗？

风波婷：是的。

抚心人：你们的关系发展顺利吗？

风波婷：刚开始很顺利，他对我很体贴、很周到、很浪漫，但后来就出了问题。我发现，他认识很多女性，而且跟她们交往比较密切。虽然我不知道他们的关系具体发展到何种地步，但心里非常不舒服。为此，我还专门找过一个心理咨询师帮我分析。咨询师说我们相互还不是很了解，过早确立关系不妥。所以，我便以此为借口，多次拒绝了男朋友想亲近我的要求。他知道我的想法后很生气，说我缺乏主见，没脑子，自己的事总是听别人的。我觉得他说的话有些过分，从此我们便经常吵架，关系停滞不前，直到现在。

抚心人：你刚提到的心理咨询师就是第三段中的同事吗？

风波婷：是的。我刚才说的时候，也想到了这个同事。对了，建议我离婚的咨询师与建议我和男朋友不要急于建立关系的咨询师是同一个人。我们虽然不是特别熟悉，但有时会一起参加工作室的活动，偶尔也会有一些交流。

抚心人：你们之间没有明确的咨询设置吗？

风波婷：没有。后来我才明白，熟人之间不能建立咨询关系，咨询师不能随便给来访者出主意、想办法、做决定。这都是咨询大忌，可是我的咨询师都犯了！

说到这里，我明显能感觉到她心中压抑了许多愤怒情绪，这些情绪需要被看到，需要被理解，也需要被接纳。此时此刻，我能做的最恰当的事情就是共情。

抚心人：是呀！你说得没错！作为心理咨询师，主要任务是客观中立地呈现来访者的现状，增进来访者对自己问题、关系、状态的觉察，进而做出明智的决定。但决定不应该由咨询师帮助来访者做，毕竟咨询师从来访者这里获得的信息非常有限，如果盲目地做决定，有可能会使来访者误入歧途。你觉得呢?

风波婷：老师说得正确。现在，我见到那个咨询师，心里还对她有许多抱怨和愤怒，只是从来没有直接表达出来。

抚心人：其实这个梦对此已经有所表达了，你觉察到了吗?

风波婷：噢！你这么一问，我就觉察到了。

抚心人：你们俩既然都对咨询师不满，为什么两个人不能好好沟通一下呢?

风波婷：我想，我的内心还有继续沟通的想法。

抚心人：所以，梦里你注销电话卡时总是遇到障碍?

风波婷：注销电话卡？难道……

抚心人：难道什么?

风波婷：难道我去那个小屋子里办理的业务是离婚？

抚心人：像吗？

风波婷：真像！

她抬起头，眼睛盯着沙发旁边的巴西木，一动也不动。显然，她已经开始联想了，但不知道具体在想什么。大约沉默了一分钟后，她把头转向我。

审梦手记

沉默是审梦过程中常见的一种现象。沉默有多种可能：一是产生了阻抗，不愿意配合分析；二是处于思考状态，审梦师不要随意打扰，这种沉默与领悟往往只差一步。

抚心人：你想到了什么？

风波婷：刚才我仔细体会了一下，梦里的小屋子给人的感觉有点儿像民政局的业务大厅，因为办离婚手续也需要填许多单子，梦中的情况和现实太相似了。电话是用来沟通的，以此类推，注销电话卡是不是代表我放弃和他沟通，而要结束这段稳定的关系？如果把这些内容放在一起，我自然就会想到离婚这件事。但也有一些不确定的地方。

抚心人：什么地方不确定？

风波婷：为什么表填错了，写成了原单位？

抚心人：原单位指什么呢？

风波婷：噢！明白了，我老公转业回来后，单位分了房子，我们就住在他们单位的房子里，填写表格时在住址一栏一般都要写他们单位的名字。这是不是说我潜意识中还不愿意离开他？

她的联想很有意义，也很准确。这让我很欣慰。对于她提出的问题，我不打算直接回答她，想进一步引导她自己寻找答案。

抚心人：单子填错了会怎么样？

风波婷：业务就暂时办理不了了。

抚心人：业务暂时办理不了意味着什么？

风波婷：意味着……意味着，对了，老师，是不是说我还没有做好离婚的准备，所以潜意识故意出错，以此来拖延时间，使离婚的业务不能顺利地办理？唉！看来我当时真的没有做好离婚的准备。

抚心人：正因为你没有做好离婚的准备，所以梦中小屋里的工作人员才劝你不要着急注销电话卡，要给你重新办理一张同号码的，让你继续用。你能理解其背后的意思吗？

风波婷：嗯！现在可以理解了！是不是让我暂时不要急着离婚？我记得她说话的语气很客气。

虽然她不是特别肯定地说了自己的理解，但我觉得无须我再次肯定，因为她的语气非常坚决。现在更应该关注的是这个“工作人员”到底是谁。

抚心人：谁会这么客气地建议你不要急着离婚？

风波婷：你这么说的时候，我突然可以肯定，梦中的这个工作人员应该是我挂靠机构的另一个老师。我给她讲过我的事情，她建议我先不要急着离婚，要先做心理咨询，如果咨询无效，之后再做决定也不迟。我听了她的话才决定找一个心理咨询师给我和前夫做咨询。

抚心人：嗯！既然“工作人员”都提出了建议，你为何还不嫌麻烦，非要“注销”电话卡？

风波婷：我也不知道为什么，梦里感觉就是坚决地要注销。

抚心人：现实中离婚的意愿也这么坚决吗？

风波婷：是的，很坚决。主要是因为每次吵架他说话都非常狠、非常伤人，让人心痛，难以忍受，感觉我们之间毫无感情可言，所以我就不想再继续和他待在一起了。

从她的回答来看，这个离婚的决定应该是她在极端情绪影响之下的被迫选择，而不是理智思考之后的最终决定。我想，他们之间的沟通一定还不够深入、不够充分，或许受情绪影响过多，理智思考太少，导致在离婚这件事情上有些“用力过猛”。所以，离婚之后他们应该会后悔。

抚心人：当决定要离婚的时候，你对他就没有一丝留恋吗？

风波婷：当然有。我觉得他有许多值得我留恋的品质，比如他很勤奋、很善良、很忠诚，而且对我、对我的父母都挺好，也很爱孩子，这些我都非常欣赏。我们本应该好好沟通一下，可是他脾气不好，经常发火，而且一发就不可收拾。我曾经让他去找朋友聊聊，看看别人如何控制情绪，他表面上答应，实际上根本就没有去；我还让他找心理咨询师单独谈谈，他直接就拒绝了。可以说，他堵上了解决我们之间问题的所有通道。所以，我不想和他说什么了。已经下定决心要离婚，即使还有许多难以割舍的东西，我也别无选择，只能忍痛割爱。

抚心人：这么说，你是不想把"欠费缴清楚"了？

风波婷：把"欠费缴清楚"？哦！你是说……

抚心人：我是说什么？

风波婷：我明白了，是不是说在沟通这个问题上，我做得还很欠缺，还有许多不周到的地方，还需要再努力？

抚心人：理解得完全正确，再说得简单一点，就是在离婚之前，先要充分沟通，把沟通上的欠账还清楚，再决定要不要离婚。这才是梦所要表达的意思。你觉得呢？

风波婷：噢，原来如此！照这样说，梦中说我想用包里的子弹壳、项链、戒指和耳环来抵销手机的欠费，是不是就表示我对我们的婚姻还抱有希望，还想通过沟通来解决问题？

抚心人：你有这样的想法吗？

风波婷：有！一直都有！

至此，我们已经把梦中的几个要点都分析完了，整个梦的意思比较明确了，剩下的细节就比较好理解了。不过，现在只是对局部的理解，整个梦那么长，如果不梳理一下，就无法让梦者有全面的把握，更无法形成整体的印象。

抚心人：这就对了！刚才我们并没有按照顺序一点一点地分析，只是把一些要点拿出来跳跃式地分析了一下。如果我们按照顺序再仔细梳理一下这个梦，你可能还会有一些新的发现，要不要尝试一下呢?

风波婷：太好啦！我先试着梳理一下，不足之处，请老师帮我补充。

抚心人：好的。

风波婷：首先，我想说明一下，在前面分析梦的过程中，我感觉很模糊。但是，当梦中的几个关键点被突破后，我的思路就慢慢地变清晰了，尤其是找到了几个人物的现实对应后，我有了一种豁然开朗的感觉。

抚心人：嗯，再具体说说吧！

风波婷：好的。关于这个梦，我认为，它主要是围绕我的婚姻和感情经历展开的。梦首先讲了我与前夫离婚的艰难心路历程。虽然我与前夫感情不和想离婚，但内心又留恋过去，难以割舍，于是通过各种方式挽留，包括找同事聊天，甚至做心理咨询，但仍然无济于事。最后，我还是一意孤行，坚持离婚。就在我刚刚离婚后，新的男朋友出现了。他非常浪漫，对我非常好，所以，我就被他吸引了。但是在交往的过程中，我发现这个人用情不专一，对其他女人也很好，这让我心里非常不踏实。于是，我拒绝了他进一步亲密的要求。他很没有耐心，立马就生气了，并且开始疏远我。在现实中，我遇到麻烦和困难时，他经常找各种理由躲起来，联系不上，这让我非常没有安全感。所以，我关闭了之前向他敞开的心扉。

这个时候，我有点儿怀念前夫。我觉得他虽然脾气不好，但对我是真心的。所以，我后悔离婚太草率、太着急。不过，我觉得我们离婚的责任不在我身上，思来想去，都怪那个心理咨询师。她在咨询中的表现和做法不够专业，间接导致我们离婚。因此，我对她心生抱怨。我现在想回头，却又不知道该如何面对前夫。我只能理解这么多。

她的梳理很全面，很系统，也很有价值。我注意到，她还增加了一段新的内容进去。我很意外，也很高兴。

抚心人：你的理解全面、系统且周到！尤其是你增加了“在现实中，我遇到麻烦和困难时，他经常找各种理由躲起来，联系不上，这让我非常没有安全感。所以，我关闭了之前向他敞开的心扉”这一段，理解补充得非常及时，你注意到了吗？

风波婷：呵呵，是的。我刚才在梳理的时候突然想到了第三段一开头“天突然变了，下起了零星小雨，屋子里的窗户没有关，我赶紧回到屋子里关窗户”中可能还暗含了这样的意思，所以就临时加上了。

抚心人：加得好。加上后，你有没有感觉到我们对梦的理解更加完整了？

风波婷：是的。可我总感觉梦中还有一种隐约的提示。

抚心人：你感觉有什么提示？

风波婷：我在想，这个梦重点是说我在离婚的事情上有后悔，为何中间要提那个男朋友？

我不得不佩服她的感觉。这种感觉虽然隐隐约约，却真真切切。当她这么问的时候，我突然意识到这两件事情之间好像有一种潜在的关联。

抚心人：在你离婚这件事情上，这个男朋友起到了什么样的作用？

风波婷：你的意思是？

抚心人：我的意思是什么？

风波婷：老师你直接问吧，我说不好。

抚心人：你们是在什么时候认识的？

风波婷：结婚前就认识了，但只是普通朋友。不过……不过……

抚心人：不过什么？

风波婷：不过，在我和前夫关系不好的时候，他表示喜欢我，我们曾经在微信上长谈过一次。

抚心人：你们只长谈了一次吗？

风波婷：我记不清楚了，应该不止一次吧。我不能否认，在离婚这件事情上，他也是一个重要的因素。我认为我离婚是由三个因素促成的。一个是前夫，他起到了关键作用；一个是咨询师，她起到了推动的作用；一个是男朋友，他起了牵拉的作用。现在，我对前夫是愧疚，对咨询师是生气，对男朋友是失望。

听她的意思，问题好像都在别人身上，她没有从自己身上找问题。来分析梦的是她，难道她就没有任何问题吗？

抚心人：你身上没有什么问题吗？

风波婷：应该也有吧，但不是主要的。我是这么认为的。

抚心人：离婚是谁先提出来的？

风波婷：我！嗯，我承认我也有问题，我经常做错决定。

抚心人：是什么促使你经常做错决定？

风波婷：我说不好。我总觉得自己不善于处理与异性的关系。在与异性的交往中，我并不知道应该保持什么样的距离才算合适。我这个人既容易受他人影响而相信一个人，又容易受情绪影响而做出草率的决定……

抚心人：噢！非常好的领悟！你的……

我正想说："你的人际关系模式就是快速相信一个人，然后匆匆忙忙离开一个人。如果你不理解其中的深层原因，这样的模式还会起作用，你的婚姻、感情将一直不能稳定下来。"但是，话还没说出来，她就插话了。

风波婷：啊！我明白了。是这样的，我和前夫经人介绍，认识才两个月，见过三次面，连手都没牵过就结婚了。结婚后发现，我并不特别了解他。和这个男朋友也是这样，虽然我们认识时间挺长，但我并不了解他，几乎一点儿都不了解，只凭他的一些花言巧语就被吸引了，就想和他在一起。

抚心人：快速建立关系，又快速结束关系，是这样一种规律吗?

风波婷：是的，这是一个问题！一个严重的问题！其实，你刚才说的时候，我就已经想了许多。我觉得我与异性之间难以保持正常的心理距离，这可能与成长中父母对我的态度有关系。小时候，父母对我总是忽冷忽热、忽远忽近，好的时候好得不得了，不好的时候什么话都会说出来，甚至还会打我、骂我。起初我有点儿不适应，后来慢慢地习惯了。这种成长经历让我从小就错误地以为，像父母对待我一样与人相处是没有问题的，于是潜移默化地形成了这种关系模式，没想到这种关系模式让我栽了这么大一个跟头。唉！我现在还怪不着父母，毕竟他们年龄大了，也不懂其中的道理。

她突然显得很沮丧，很失望，很无助！我陪着她沉默了大约两分钟，然后才继续分析。

抚心人：是呀，这是最让人无助的！明明知道问题在哪里，却什么也做不了！

风波婷：是的。有时候甚至连个倾诉的人都没有，没有人愿意真正地走近我，理解我，帮助我。大家都被表面的东西迷惑了，只看着我外表光鲜靓丽，这有什么用呢？真是可悲！

抚心人：你也别悲观，至少你现在已经认识到这个问题了，说不定突然就会有转机。你说呢？

风波婷：真希望能如此！

抚心人：这个梦，我们就分析到这里，可以吗？

风波婷：嗯，已经非常满意了！谢谢老师！

抚心人：不客气！

风波婷：谢谢老师！

她起身，转身看看刚刚坐过的沙发，微微地笑了笑，一脸轻松的样子。走到工作室门口，她回过头来看看我，向我深深鞠了一躬，才转身出门。

我正想伸个懒腰，汪梦谨突然走进来一本正经地问我："老师，刚才我们几个人在外面聊天，谈到了婚姻，我想听听您是怎么看婚姻的。"听到我们要聊婚姻这个话题，苗审严和其他几位审梦师都凑过来了。我本想随意说几句，但看看大家一脸严肃的表情，于是大发了一通感慨：婚姻是一座围城，里面的人想出来，外面的人想进去，这并不可怕。可怕的是，想进去的人不一定知道自己为什么要进去，进去之后能待多久；而想出来的人也不知道自己为什么要出来，出来之后怎么办。于是，许多人就这样忙忙碌碌，疲惫地穿梭于城里城外，茫然不知所措。在传统观念中，结婚是一个庄严的承诺，是对自己的承诺，也是对配偶的承诺，更是对家庭、对社会的承诺，一旦做出承诺，就要一诺千金。当然，如果感情真的破裂了，不具备再过下去的条件了，非得立即出城，那么，离婚并不是下下策。可是，如果尚未搞清楚自己进城和出城的原因，就急急忙忙进进出出，就有可能陷入结了婚又离、离了婚再结的怪圈而难以自拔。不幸福的婚姻各有各的原因，但幸福的婚姻大多都有一个共同的原因，那就是在正确的时间选择了正确的人。

说到这里，苗审严和汪梦谨突然笑了，笑得很开心，也很诡异。

6

如此挑剔为哪般

今天汪梦谨、苗审严请假去学校开会了，所以我早到了二十分钟。本来我想打扫一下工作室里的卫生，刚走到门口，就听到电话铃响了，是苗审严打过来的。他说今天的梦者柳如烟已经到楼下了，按了半天门铃，没有任何反应，估计门铃坏了，所以，得我下楼去开门。我犹豫着要不要下去接人。据我判断，在早上这个时间进出大楼的人很多，不超过五分钟就会有人进楼，她可以跟着别人一起进来。如果我下去接人，至少需要四分钟。就在我犹豫的时候，外面传来清脆的敲门声。我打开门一看，门口站着一位身材高挑、打扮入时的女性，我想她应该就是柳如烟了。

据汪梦谨传来的预约资料显示，柳如烟今年四十三岁，先后离异过三次，目前仍是单身。硕士毕业后，在一家金融企业工作，她追求完美，为人刻薄挑剔。经人介绍，相亲无数，却始终难以找到意中人，因此常感内心矛盾，难以自拔。不久前的一个晚上，她做了一个梦，印象深刻，于是将梦告诉了朋友风波婷。风波婷虽然对梦略有所知，但碍于关系比较熟，她不便深究，于是推荐我帮助她分析梦。

柳如烟：你是抚心人老师吧？

抚心人：是的，你好，你是？

柳如烟：我之前和你约好了，请你帮我分析一个梦……

抚心人：噢！快请进！你是第一次找人分析梦吗？

柳如烟：是的。有什么特别的规则需要了解吗？

抚心人：你希望遵守什么样的规则？

柳如烟：没什么，别太苛刻就好，如果有，你告诉我该怎么做。

抚心人：可以。你做了一个什么样的梦？

柳如烟：这个梦很长，我已经整理好了。这样吧，老师，我加一下你的微信，把这个梦发给你。你先仔细地看一遍，再帮我解释。

审梦手记

通常情况下，我是不会把联系方式留给梦者的。这主要是为了防止梦者在分析之后与审梦者主动关联，建立分析之外的关系。但有时候，梦者主动要联系方式，而且是为了分析梦，审梦师不能直接拒绝，不然就会引起不必要的阻抗。

我犹豫了片刻，然后拿出手机，打开微信。她麻利地伸手过来扫了我的二维码，随即便发来一个长长的梦。我收到信息后，将其权限设置为“仅聊天”。

抚心人：你能不能把这个梦再现场报一遍？

柳如烟：这样做是为了加深你的印象吗？

抚心人：你愿意加深一下我的印象吗？

柳如烟：好吧，那我再说一说吧。梦是在三天前的凌晨两点钟左右做的。梦到我要带孩子去旅游。我准备好一切，正要出发时，突然觉得好像差一双旅游鞋，于是走进一家专卖店。服务员特别热情地告诉我，只要我交九百元，就可以随意选择一双自己喜欢的鞋子，如果不满意，还可以继续挑，直到满意为止。我觉得这样挺好的，不用我到处跑了，就交了钱。

场景一转，在一个房间里，服务员对我说，为了能节约时间，并选到让我满意的鞋子，她需要了解我的许多信息，拿着尺子量了我的身高、胸围、腰围，还称了我的体重，并要求我填写了一张表格。之后，她拿出一双黑色的鞋子，说这双鞋是最适合我的，如果不合适，他们也没有办法了。我很生气，我觉得那双鞋子一看就不适合我，可是她偏偏说最适合我。我想再换鞋子，服务员对我说，我已经换了三双鞋子了，不能再换了，再换就会耽误时间，会误了旅游行程。我说，你们不是说交九百元就可以挑到满意为止吗？她说，她拿的全是最好的鞋子，很适合我，我却不能接受，肯定是我在故意挑剔……

梦尚未报完，她的手机响了。她惊了一下，脸上露出尴尬的笑容，然后做了一个拒接的动作。我示意她继续。她略微调整了一下坐姿，刚要开始，手机又响了。她又一次尴尬地看看我，直接关机，调整坐姿继续讲。

我接着说梦。她说我挑剔，我很生气，就在专卖店里和服务员吵了起来。我心里很委屈，很焦虑，也很迷茫，觉得再耽误下去可能真的会影响旅游。但是，如果随便选一双鞋去旅游，脚会很不舒服，玩不好。时间一分一秒地过去了，眼看已经到下午了，我依然没有选到合适的鞋，内心很着急。一着急，我就醒了。

抚心人：梦就这么多？

柳如烟：是的。我接下来该怎么做？

抚心人：你对这个梦有什么初步理解吗？

柳如烟：不好意思，我不懂梦，这次是我朋友风波婷让我找你，说这个梦可能有暗示，找你最合适不过了。

抚心人：嗯，你对这个梦没有任何初步理解吗？

柳如烟：其实，也有一点，不过，我说不好。如果你非要我说，我就说，但你不要笑我哟。

抚心人：没事的，你随便说，想到哪儿就说到哪儿，若说得不妥，我会帮你的，可以吗？

我面带微笑，尽量把话说得轻松一些，让她不要有负担。这样，我便有机会从她的表述中找出缝隙，伺机切入。

柳如烟：好的。我平时买鞋挺挑剔的，几乎每个月都会买一两双鞋。我的鞋放在一个专门的柜子里，差不多有一百多双。我买鞋从来都不犹豫，说买就买。上周，我喜欢的那家品牌店搞店庆，我又买了两双。朋友都说我是“鞋控”。说实话，这些年来，买鞋花了我不少钱。我不会是因为买鞋的问题焦虑吧？会不会这个梦是在提醒我以后不要随便乱买鞋了？

抚心人：买鞋让你焦虑了吗？

柳如烟：有一些吧。比如，到底要买哪一双，花多少钱才算是物美价廉，鞋子保值不保值，这些都让我焦虑过。

抚心人：你真的认为这个梦与买鞋有关吗？

柳如烟：要不然那会和什么有关？

显然，她也意识到自己思考的方向可能有问题，搞不清楚梦到底和鞋有什么关系。看来直接从鞋子这里暂时无法突破，需要重新找一个突破口。我觉得可以从情绪尝试一下。

审梦手记

对于梦里事物的象征意义，不到万不得已，审梦师最好不要直接告诉梦者，尽可能去引导梦者通过联想来探寻梦境可能赋予它的象征意义。

抚心人：你在最后一段梦里提到你“很委屈，很焦虑，也很迷茫”，在现实中有没有过这种体验？

柳如烟：有过。

抚心人：在什么事情中有过？

柳如烟：就是……就是找对象的事情。

说着，她低下了头。片刻之后，她又抬起头来，脸上流露出尴尬的神色。我觉得我前面的判断应该没有错！

抚心人：梦中买鞋与找对象这两件事情之间有关联吗？

柳如烟：有吧。

抚心人：能具体说说吗？

柳如烟：怎么说呢？抚心人老师，鞋子是不是与婚姻有关？

抚心人：鞋子在梦中的确有可能象征着婚姻，但也可能……

我本来想说："但也可能象征着其他意义，比如职业道路、人生之路，你觉得更有可能和哪一个有关？"然而，她急切地打断了我的话。

柳如烟：就是说，我的婚姻有问题，这个梦主要反映我婚姻的问题。

抚心人：你的婚姻有问题吗？

柳如烟：应该是有的，只是……只是我突然间有点儿不太想说了。

抚心人：你担心什么？

柳如烟：我不担心什么，我觉得这个梦骗了我。我以为梦是帮助我解决频繁买鞋的问题，没想到它与婚姻有关。

抚心人：没关系，如果你不想谈就暂时先不谈。你真的没有准备好吗？

柳如烟：也不是没有准备好，只是有点儿突然。我……我一时不知道从何说起。

既然她不知从何说起，那就说明她想说。既然她想说，我就引导一下，说不定便有突破了。说起突破，从情绪谈起，往往很少扑空。

抚心人：在现实中，你也像梦里一样委屈、焦虑、迷茫吗？

柳如烟：是的。那就从我的焦虑、委屈和迷茫说起吧。

抚心人：你决定要从情绪感受说起？

柳如烟：是的。其实，我早就想找人说说了，只是没有合适的机会，今天既然谈到这里，我就说一说吧。我也不怕你笑话，反正我不认识你，你们也有职业操守，不会随便对别人说，是吧？

抚心人：当然，我们会按约定保守秘密的。如果我们要用于教学或写作，事先会隐去你的个人信息，而且一定会征求你的意见。你会同意吗？

柳如烟：当然会的。如果能帮助到别人，哪怕只是让别人引以为戒，我觉得都是有意义的。现在，我开始说了。

她调整了一下坐姿，做出一副一吐为快的架势。我也略微调整了一下姿态，回应一下她。她微微地笑了一下。

柳如烟：我之前结过三次婚，但现在还单身。身边的男人都怕我了，说我克夫，这让我很困惑。

抚心人：他们何出此言？

柳如烟：我老家在农村，姐妹三个，我是老大。高中毕业后，我没有考上大学，自费上了一个大专，毕业后就到一家私企打工。上班第二年，我就结婚了。老公是一个小公司的老板，生意做得不错，就是经常出差，和我在一起的时间太少。我们结婚不到半年，他就在一次出差途中出车祸死了。我们连孩子都没有，我非常难过！两年后，经人介绍，我又嫁给一个建筑施工队的小工头。他刚离婚，人很老实、很本分、很勤快，对我也挺好，还经常额外给我钱花。我很欣慰。可是好景不长，我们结婚不到一年，他就在工地检查工程质量时，不小心被高空坠物砸中，当场死亡。我伤心透了，我们也没来得及要孩子。此后三年，我没有找对象，一个人过着。我的心思全都用在了工作上。二十九岁那年，我认识了一个网友，他在另一个城市，我们很谈得来，相约见过几次面，时间一长，自然就谈到了结婚的事情。然而，他知道我的情况后犹豫了，不愿意和我正面谈婚姻。我失望极了。直到一年后的一天，他突然同意来到我所在的城市工作并和我结婚。当时我很高兴，觉得自己的苦日子终于熬出了头。我们的婚礼很简单，总共摆了不到三桌，大家都为我们的结合高兴。婚后，我们很快生了一个女儿，觉得生活很幸福。但在女儿三岁多那年（我记得很清楚，那时女儿刚上幼儿园），不幸又降临了。在国庆节前一个周五的晚上，我接孩子回家后，他打来电话说自己不回家吃饭了，要和几个牌友打牌喝酒。那一晚，他喝醉了，半夜两点才回来。朋友送他回来的时候，他已经烂醉如泥，结果这一觉睡下去就再也没醒来。

说到这里，她突然沉默了，眼泪止不住地往下流。我抽出两张纸巾递到她手上。她接过后，麻利地擦了擦眼泪。显然，她事先并没有想到自己会哭。我没有说话，她也没有说话。大约三分钟后，她平静下来了。

抚心人：再后来呢？

柳如烟：再后来，有人建议我去寺庙找个大师算算命。

抚心人：你去了吗？

柳如烟：我不信这个。可是我没有其他好办法，只好经人介绍，找了一个在我们当地很有名的算命先生。那个先生说了许多，我没太理解，大概意思是我命硬，需要做一些事情来改命，害得我花了不少钱。

抚心人：效果如何？

柳如烟：丝毫没有改观。后来，我再也不信算命的了，也不想结婚了。可是，考虑到孩子在成长过程中如果没有爸爸，可能会对孩子不好，于是，我又托人帮我找对象。两年来，我处了五六个对象，刚交往时，感觉都还不错，但是当他们了解到我过去的婚姻史后，就全吓跑了。

说到这里，她又是一脸的尴尬，低下头，半天不敢直视我。此刻，我本想共情，表达我的理解之情，但一时语塞，竟未能说出来。当再想说时，已经有另一句话冒出来了。

抚心人：你就没有给他们解释什么吗？

柳如烟：解释了，但是没有用，谁会信呢？天底下的女人多的是，有谁会冒这个险呢？

抚心人：你认为他们与你结婚就是冒险？

柳如烟：我还能怎么想呢？事实就摆在这里。哪怕我认为这是偶然现象，但是这么多的偶然凑在一起，我无法辩驳，连我自己都相信了，偶然之间也会有必然。或许，这就是命吧！

抚心人：你真的就是这么认为的吗？

柳如烟：是的，我现在就是这么想的。所以，我不找熟人介绍对象，但凡有亲戚介绍，我都会拒绝。

她这么说的时候，我非常理解她的想法。只是，怎么引导她把刚才所讲的内容与梦境联系起来，我一时还没找到合适的契机。如果直接问"你所讲的与梦有什么联系"，就会显得急功近利，过于生硬鲁莽了。

抚心人：那你后来是怎么做的呢？

柳如烟：虽然我拒绝了亲戚们的好意，但转念又想，孩子得有个爸爸才行呀！于是，我就打算去婚姻介绍所，让他们根据我的情况介绍一个合适的人。我主要是替孩子着想，为了孩子的健康成长。如果没有孩子，我觉得我一个人过一辈子也挺好。

抚心人：就像梦开始说的那样，要带孩子去旅游，却差一双旅游鞋？

柳如烟：老师，你的意思是……

抚心人：你想到了什么？

柳如烟：我不知道自己理解得对不对。你先提示我一下，旅游象征着什么？

抚心人：说到旅游，你能联想到什么？

柳如烟：我想到了我的微信签名“幸福的人生就是一场说走就走的旅行”。你刚问我的时候，我脑子里首先想到的就是这句话。

她的联想高效且有意义。看来，以旅行象征人生之路顺其自然。照此推理，对她而言，旅游鞋代表婚姻挺合适。不过，我告诉她远不如她自己领悟更有意义。

抚心人：你的联想很有意义。如果人生就是一场旅行，那旅游鞋代表什么意思呢？

柳如烟：是不是人生的伴侣？就像旅游时必须要穿的鞋子一样。我突然又想起一句话“鞋子合适不合适，只有脚才知道”。

抚心人：人们常用这句话来比喻什么？

柳如烟：婚姻。这下我算明白了！

她似乎有点儿兴奋，好像突然有了新的领悟。我有点儿震惊，但一时不知道她到底明白了什么。如果仅仅是对鞋子和旅行的理解，我想她不至于那么兴奋，应该有我意想不到的东西吧。

抚心人：你明白什么了？

柳如烟：旅游鞋代表婚姻。如果这样的话，卖旅游鞋的专卖店就是婚姻介绍所，我登记的那家婚姻介绍所就收了我九百元。

抚心人：原来是这样呀。那他们都提供哪些服务？

柳如烟：三次婚姻咨询，然后介绍合适的对象，直到满意为止。

抚心人：那你做婚姻咨询了吗？

柳如烟：做了，已经满三次了，每次大约一小时。其实他们做得很简单，就是由一个婚姻咨询师与我谈话，详细地了解我的婚恋史、家庭情况、个性特点、情感需求和内在情结。然后做了心理测试，进行针对性匹配，说这样可以提高恋爱效率，同时能保证婚姻的相对持久。

不得不说，婚姻介绍所的这种做法是一种创新，但我并不清楚其效果如何，只得先问问她，看看她是如何看待这样的事情的。

抚心人：你觉得怎么样？

柳如烟：我觉得这样做挺专业的，所以我当时相信能在这里找到我想要的对象。

抚心人：那后来找到了吗？

柳如烟：在他们的介绍下，我先后见过五六个男人，条件都不错，都是婚介所觉得适合我的人。那些人也都觉得我挺好，说我皮肤好，气质好，身材好。可是，我都没有看上他们，与每个人大约谈一两次之后，我就会找出他们身上的问题和毛病，要求婚介所换人。

抚心人：为什么只谈了一两次你就不谈了？

柳如烟：因为我发现，他们都不适合我，有的年纪比我大四五岁，太老气了；有的身体不好，不爱运动，没活力；有的带着孩子，还有老人，家庭负担太重；有的收入太低，经济条件太差；有的不会关心人，不懂浪漫，说话粗俗。总之，我觉得婚介所并没有介绍最适合的对象给我，跟我想象中的对象相差甚远。

她这些只谈一两次就结束的原因并没有说服力，我觉得她是一个挺挑剔的人。其实，她到底挑剔到什么程度并不重要，重要的是她为什么总是如此挑剔那些相亲对象。想到这里，我觉得还得继续沿着这个方向问下去，一探究竟。

抚心人：你想象中的对象应该是什么样的？

柳如烟：我觉得，他至少应该有车有房吧，年纪、学历应与我相当，至少大学本科毕业，经济收入要比我强，最好没有孩子，对我父母要好一些，能接受我的孩子，最重要的是对我要体贴入微、真心诚意，若能浪漫一些最好。

抚心人：你的这些要求有没有向婚介所工作人员说呢？

柳如烟：没有一次性全说，大概提过。他们知道我的情况，我只要求相亲对象的情况与我的情况相当就好，超过我的条件当然更好了。

抚心人：你在婚介所有没有找到合适的人？

柳如烟：没有，一年多了，我一直没有遇到心仪的人。

抚心人：你有没有思考过这其中的原因呢？

柳如烟：思考过。

抚心人：什么原因？

柳如烟：有人曾经说我的条件定得太高。老师，你觉得我的条件高吗？

她这突如其来的问话让我有些措手不及，我若回答“高”或“不高”，便会有评判的色彩了。如果我避而不答，她一定会追问不止。因为我注意到，她问完话后就身体前倾，眼巴巴地盯着我，好像我必须回答才善罢甘休。于是，我决定如实表达我的感受。

抚心人：你这个问题好突然啊！我无法判断你的条件是高是低，不过，从你刚才描述的情况来看，能满足条件的人不多。是这样吗？

柳如烟：差不多是吧。你说得真委婉，哪里是不多，是没有！其实，我以前并不这样，前面那几任老公都有不足之处，我照样接受了。

抚心人：为何现在条件突然高了？

柳如烟：现在有了孩子，我不得不慎重。说实话，如果对方不满足其中的一两条也没关系，我也能接受，比如没有车，不够温柔，或者有一个孩子。但其他条件应该满足才行，对方总得有让我满意的地方才行呀，要不然这以后的日子过不好呀。

抚心人：说的也是。除了孩子，你还有其他要考虑的吗？

柳如烟：没有了，我现在相亲只考虑孩子。

显然，孩子是需要考虑的重要因素，但孩子并没有直接影响到相亲，或者说没有人以孩子为借口拒绝她，而她总是把孩子作为借口，或许她只是以孩子为借口来掩饰真正的问题。那么，真正的原因是什么呢？目前，我不太确定。

抚心人：你是为了孩子才把条件定得这么高吗？

柳如烟：是的，身边的人都说我的要求太高了，但是，为了孩子，我不能随便降低自己的标准。

抚心人：婚介所的人怎么看待你定的条件？

柳如烟：他们说我缺少诚意，过于挑剔。比如，我前面说的那个不会关心人、不懂浪漫、说话粗俗的男人，他比我大三岁，皮肤比较黑、比较粗糙，离婚两年，有一个儿子，正在上小学三年级。他经营一家建筑公司八年多，收入不错，就是平时比较忙。有一次见面时，谈话间他接了几个电话，不停地蹦出粗话，我无法接受。婚介所的人都说这是他们反复甄别精选的人，还辩称他管理的人中粗人比较多，所以难免会说一些粗话，但他这个人的本质很好，也有诚意。我对他没有感觉，所以没有同意。婚介所的人听罢立马变了态度，对我很冷淡。我非常生气。

抚心人：就像梦里你觉得那双鞋子不适合你，可他们偏偏说适合你一样吗？

说完这句话，我突然觉得，这句话虽然具有促进关联的作用，却表达不准确，跳跃性太强，她不一定能立马反应过来，需要重新修正。但我一时找不到合适的句子来表达，于是沉默了片刻。很快，她打破了沉默。

柳如烟：是的，梦里专卖店的工作人员让我很生气，如同现实中婚介所的工作人员也让我很生气。

抚心人：理解你的生气，找对象不能随便找，不过，如果太谨慎了会影响你做选择。你说呢？

柳如烟：我明白你说的意思。这个梦表达的意思我差不多能理解了。只是我还有一点不清楚，梦里说我换了三双鞋子，而在现实中，婚姻介绍所给我介绍过五个对象。“三”和“五”的差别是怎么回事？

抚心人：说到“三”和“五”，你能联想到什么？

柳如烟：呃呃呃……三番五次……

抚心人：三番五次？

柳如烟：是的，就是很频繁，次数很多，这么说来，“三”和“五”并没有什么明显的差异。

抚心人：这下你明白了？

柳如烟：是的，明白了。还有一个问题，我也不理解。梦中服务员“拿着尺子量了我身高、胸围、腰围，还称了我的体重，并要求我填写了一张表格”，这是不是在说我去婚介所登记的事？

抚心人：你刚去的时候都做了些什么？

柳如烟：填了许多表格，还做了婚姻调查问卷和人格测试问卷，对了，还有个人访谈，能做的基本上都做了。用他们的话说，先要全面了解我，为后面的相亲工作做好铺垫。

说完，她便低下头。我本来要说些什么，可是看见她的举动，我决定暂时沉默，给她留点儿思考的空间。大约两分钟后，见她抬起头，我率先打断了沉默。

抚心人：刚才想了些什么？

柳如烟：想了很多。谢谢老师的耐心引导！这个梦基本都理解了，可是我不明白，我为什么找不到“一双合脚的鞋子”呢？

抚心人：或者你并不想要鞋子？

柳如烟：那我想要什么？

抚心人：是呀，我也想知道你到底想要什么。

柳如烟：我只想为孩子找一个爸爸。

抚心人：你不想为自己找一个丈夫吗？

听了我的问题，她又一次低下头，不停地搓手，两只脚微微地往回缩了一些。她好几次欲言又止，犹豫不决，好像想说些什么。

柳如烟：你，你为何这么说?

抚心人：你去婚介所前，熟人给你介绍过多个对象，每次都被你拒绝了。你当时是怎么考虑的?

柳如烟：我非常痛苦，非常自卑，觉得自己就是男人的克星，谁和我结婚，最后的下场都不好。当时，我真的不想再找了，就想一个人过。但是，女儿常问我为什么自己没有爸爸。面对女儿的问题，我很难过，不知如何作答。我不想让孩子在同学面前低人一等，于是，我想给孩子找个爸爸。我拒绝了亲戚们介绍的对象，主要是怕被他们拒绝，所以先下手为强。亲戚介绍的对象都在我们这个城市，他们稍作打听，就会知道我之前的事，最后肯定都不会同意。所以，为了孩子，我决定去婚介所，或许这里还有一线希望。

抚心人：这么说来，你真的只是为了孩子?

柳如烟：是的，我只是为了孩子。

抚心人：这会不会是你找不到“一双合脚的鞋子”的原因呢?

显然，孩子是一个明显的原因，也是一个可以摆到桌面上讲的原因，而更深层次的原因或许并不是这样的，但到底是什么样的，我还不好说。

柳如烟：是的，就是这个原因。

抚心人：不会有其他原因?

柳如烟：不会，至少我现在想不到。要不，老师启发我一下?

抚心人：与婚介所介绍的对象相亲时，你一直在挑剔他们，这种挑剔会不会是一种变相的拒绝呢？

柳如烟：噢，应该是。可是我控制不住拒绝他们，这是什么原因呢？

抚心人：拒绝他们对你来说意味着什么？

柳如烟：意味着不会被他们拒绝，我就不焦虑、不自卑了。

抚心人：如果你在内心一直考虑着自己的焦虑和自卑会不会被触碰，那么孩子的需要又该如何满足呢？

柳如烟：我很矛盾，我不知道到底该怎么办才好。

抚心人：如果你一直用为孩子找爸爸的眼光来找丈夫，可能到头来既没找到孩子的爸爸，又没找到自己想要的丈夫。你说呢？

柳如烟：你说得有道理！可是，我害怕来相亲的男人知道我过去的这些经历后，会用异样的眼光看我。

抚心人：事实上，婚介所的工作人员没有告知那些男人你过去的这些经历？

柳如烟：当然没有，我要求他们保密，只说我会在恰当的时候以恰当的方式告诉他们。但实际上，没等他们了解到这些信息，他们就被我以其他理由拒绝了。

抚心人：这又是为什么？

柳如烟：我能觉察到，这样做可以避免我被挑剔，被拒绝。这样做，对象虽然没有找到，但我不会因此痛苦。如果让他们挑剔我、拒绝我，我无法接受，会再度陷入自卑和焦虑中。

抚心人：这样说来，你的相亲真是不容易呀！

柳如烟：是的！想要再婚，谈何容易，何况……

抚心人：何况什么？

柳如烟：何况我已经三婚了。唉，说来，生活不易呀！

是呀！如果没有一种合理且有效的保护方式，她的精神可能早就垮掉了。我注意到她的脸上突然浮过一丝苦笑，一缕头发正好拂过她的脸庞。瞬间，她整个人看起来憔悴了许多。我不忍心再问下去，时间差不多了，梦也分析到位了，我觉得该结束了。

抚心人：真的不容易呀！不过，既然你找丈夫的同时，还为孩子找爸爸，那就要听听孩子的建议。你说呢？

柳如烟：是的。你说得有道理。看来，我不仅要和孩子好好沟通一下，还要和婚介所的人再好好沟通一下，以后不能再这么无原则地挑剔了，我必须勇敢一些，这一步总是要迈出去的。

抚心人：嗯，你能这么想，我替你高兴！

柳如烟：谢谢老师！原来审梦是这么回事呀！

抚心人：和你之前想象的不一样吗？

柳如烟：很不一样！感觉你并没有告诉我多少东西，我却领悟了许多东西！

抚心人：嗯，这就对了。这就是审梦！

柳如烟：感谢老师！

抚心人：不用谢！

柳如烟：老师，有什么作业需要我回去后做吗？

抚心人：没有！如果有不理解的梦，你记下来就是了！若有需要，可以再联系我！我们今天就分析到这里。

柳如烟：好的，再次感谢老师！

抚心人：不客气！

说完，她便准备起身，从沙发上站起时，不小心打了个趔趄。我估计与她刚才跷着二郎腿时间太长有关。未等我去搀扶，她马上自己站正，尴尬地浅笑着往外走。我不放心，跟着出来了，送她离开。整个研究中心仍然只有我一个人。回到工作室后，我赶紧补记分析要点，心中颇有感慨。在我看来，“克夫”就是个伪命题，是宿命论和男权主义的集中体现，这是对女人的不公平。其实，婚姻以及婚姻中发生的事本身就存在着许多偶然和必然。当多个偶然现象连续出现时，人们很容易从中寻找规律，进而将其归结为一种必然。殊不知，偶然有偶然的原因，必然有必然的规律，如果将偶然与必然混为一谈，可能会给人的心理带来许多困扰，进而影响其判断和决策。

7

那个怪物究竟是谁

四月的古城繁花锦簇，春意盎然，到处生机勃勃。大街上来来往往的人们早已换上了轻薄的春装，洒水车来回穿梭，喷出的水雾在朝阳的照耀下不时在空中映射出一个又一个“彩虹”，引得行人驻足，观看拍照。我们研究中心地处5A级景区，环境优美，风景宜人。来研究中心的梦者大都喜欢到景区里散一会儿步再上来。

今天前来分析梦的人叫泪无痕，一个喜欢独自散步的人。据苗审严说，泪无痕进研究中心之前，在景区内待了差不多二十分钟。她是一所名牌大学的硕士研究生，毕业后在一家公司做技术工作，性格内向，易受暗示，胆小懦弱，朴实低调，不善沟通。她育有一个十岁的女儿。

时间到了，泪无痕准时进入工作室，问好，让座，倒水，一切自然有序，顺理成章。

泪无痕：抚心人老师，你好！

抚心人：你好！你是？

泪无痕：我是泪无痕，是花无影介绍我来找你的。前几天，我刚做了一个非常恐怖的梦，想请老师帮我分析一下，看看这个梦到底是怎么回事。

抚心人：这是一个什么样的梦？

泪无痕：老师，我把梦记到纸上了，又复印了一份，你看看。

说话间，她便从包里拿出两张纸，快速地展开，把其中一张递给我，一张留给自己。我接过来一看，字迹非常工整，整个页面干干净净，一气呵成。

抚心人：这是你梦醒之后就记下来的吗？

泪无痕：不是，我在夜里被吓醒了，之后就睡不着了，一直在思考这个梦，直到第二天早上才写到纸上的。

抚心人：这究竟是一个什么样的梦？

泪无痕：梦是这样子的。我和女儿正在桌边吃饭，我对面坐着一个人，样子特别模糊，我看不清他的样子。孩子好像并不太在意，而我隐隐约约有一些担心。孩子吃完饭就去上学了。这时，那个人的样子慢慢清晰了，是一个兽头人身的怪物。我正要从靠近他的盘子里夹菜的时候，他用眼睛看了一下那个盘子，盘子立即冲我的额头飞了过来。我没来得及躲开，瞬间额头就起了一个包。我想报警，于是推开椅子，拿起手机准备打电话。可是怪物动了一下手指，我

的手机瞬间就爆炸了。我赶紧跑进房间把门反锁上。这时，我听到有人敲门，叫我赶紧开门。我听到是老公的声音，于是慢慢地打开门，结果却发现，是那个怪物变声了，它在模仿我老公的声音。我想把门堵上，可是已经晚了。怪物推门进来，从桌子上拿起一个笔记本，揪住我的头发就把我往外拉。我害怕极了，大哭，并大喊“救命”。我从梦中哭着喊着醒了过来。

抚心人：刚才报梦的过程中，你有什么感受?

泪无痕：恐怖，太恐怖了！刚才报梦的时候，我依然很害怕！

抚心人：你刚才报梦的时候，我也通过想象进入你的梦境中感受了一下。这的确是一个很恐怖的梦！

泪无痕：真的很恐怖！我几乎是从梦中吓醒的，还哭出了声音，被角都被泪水打湿了！我老公也被吵醒了。

她突然提到自己的老公。看来，我接下来的工作方向得朝她老公这里靠一靠了。

抚心人：你对老公讲起过这个梦吗?

泪无痕：我给他讲了一遍。

抚心人：他有什么反应?

泪无痕：他只是告诉我，不用怕，那只是个梦，又不是现实。这话我并没有完全听进去，我觉得他根本就不理解我。所以他听完很快又入睡了，我却一直睁着眼睛，心中依然充满了恐惧。

审梦手记

梦中的情绪体验常常与现实是对应的，梦中有什么样的情绪感受，现实必然会有相应的情绪体验。所以情绪往往就是梦境分析过程中最好的切入点，甚至就是整个梦的梦眼。梦眼，专指可以贯穿整个梦境的重要线索，通过梦眼，可以通视全梦，可以快速地帮审梦师确定审梦的基本思路。

抚心人：在现实中，你体验过这种恐惧的情绪吗?

泪无痕：呃……有过。

抚心人：通常在什么时候会体验到这种情绪?

泪无痕：吵架!

抚心人：和谁吵架?

泪无痕：和我老公。我们偶尔也会吵得很厉害。

抚心人：会有多厉害?

泪无痕：他有可能会动手。

抚心人：他真的会动手打你吗?

泪无痕：打过几次吧。

抚心人：最厉害的一次严重到什么程度?

泪无痕：那次在家里，我们吵架了，他踹了我两脚，还揪住我

的头发，扇了我一耳光。不过，这是两年前的事情了。

我注意到，她的眼睛有些湿润，眼泪在眼眶里打转，几乎要流出来了。她试图用“这是两年前的事情了”来淡化这件事的影响，但是，很快她就失败了。当我把桌子上的一包纸巾推向她的时候，她的眼泪瞬间夺眶而出。我等她差不多把眼泪擦完，便接着往下问。

抚心人：当时是因为什么事情吵架的？

泪无痕：他嫌我不会说话。

抚心人：具体是什么情况？

泪无痕：这样吧，我还是说详细一点儿，要不然说不清楚。我老公和两个朋友合伙开了一家外贸公司。起初，公司效益还不错，他每年的分红挺可观，连续五年，我们家换车换房，身边的人纷纷投来羡慕的目光。我觉得我们得低调一点儿，不能总是引起身边人的羡慕，这并不是好事。我老公这个人太高调，一点儿也不知道收敛，经常在亲朋好友面前炫耀自己的豪车和新房。每次我听了都非常不舒服，因为他实在夸大太多了，与事实严重不符。他炫耀的最直接后果就是，我们那些多年不来往的七大姑八大姨整天找我们借钱、求我们办事，已经严重影响到我们的正常生活。实际上，他什么事都办不了，也没有能力办。最让我受不了的是，他经常找各种理由、编各种谎言来欺骗那些找他借钱和办事的亲戚，不是说办事的人出问题了，就是说办事的人出国了，要么就一直拖着不办。总之，他什么事都没有办成过，净瞎吹牛，我经常批评他爱慕虚荣、夸夸其谈、能力不足，还提醒他尽快改掉这个毛病。如果让合伙人知道他是这样的人，会讨厌他的，合作必然不会长久。他听了这些话很生气，觉得我在诅咒他。像这样的话，我说过很多次，但几乎没有起到任何作用。我的本意是让他低调一点儿、务实一点儿，并没有半点儿诅咒他的意思。两年前一个周末的晚上，他突然告诉我，他们公司最近谈的一单生意出现了亏损，几个合伙人现在闹矛盾，分歧很严重。他说这单生意是他亲自谈的，一个很大的单子，一开始觉得都挺好，大家还夸他，时间不长就发现上当了，被人骗了，损失惨重。他觉得没法跟大家交代，心里很着急，不知道下一步该怎么办。

这件事情听着确实挺复杂，中间我曾经两次试图插话，都没有找到合适的机会。当她说到“不知道下一步该怎么办”的时候，突然停顿了一会儿，并且低下了头。我知道，她这个反应一定是整个问题的“起爆点”。于是，我看着她，小心而果断地提了一个问题。

抚心人：你知道这件事后，是怎么回应他的？

泪无痕：我，我说，“谁让你整天到处吹牛，到处说谎？你如果早点儿听我的，就不会这样了。离地三尺有神灵，我当初让你低调点儿，你不低调，你看看，这就是报应，是老天给你的教训……”我记得很清楚，我的话还没有说完，他就冲过来扇了我一耳光，说都是我诅咒他的，还骂了一堆脏话。他以前从来没有这样对过我。那一次，我被他打成了中耳炎，脸肿了近一个星期，连班都没上。我一连在家里哭了好几天。

在整个说话的过程中，她的两只手紧紧地握在一起，不停地揉搓。显然，她很焦虑，也很恐惧。

抚心人：你是一片好心，他却这么对你，你一定觉得心都要碎了。

泪无痕：是的，我感到自己的世界都要坍塌了。

抚心人：他那次真的损失了很多钱?

泪无痕：是的。他以前也说过有时候会亏损，但很快就能挽回损失。可是那一次，他说连之前多年挣的钱都亏进去了，我们还卖了一套房子，都不能完全挽回损失，我想应该有三四百万元吧。

抚心人：那他一定特别着急。

泪无痕：是的，他很想让我安慰一下。可是，我完全没有理解他的意思，也没有照顾到他的需要，只是在一个劲儿地抱怨。全都是我的错，是我说错了话，让他失望了，才导致他动手。

我没有想到她会这么说，这话的意思好像她从内心深处已经原谅了老公，已经开始自我反思了。可是，这样就能消除内心的恐惧吗？我不能确定，看来还得在这个方向上继续做工作。

抚心人：你真是这么想的吗？

泪无痕：是的，我是这么想的。

抚心人：你真的不生他的气吗？

泪无痕：我当时非常生气，但后来就没那么生气了。

抚心人：后来他有所收敛了吗？

本来，我想问："那是什么原因呢？"因为这种问法比较客观中立，更具有审梦的味道。但我鬼使神差地说出了"后来他有所收敛了吗？"话一出口，我便觉得方向不准确，有个人猜测的嫌疑。但是已经晚了，不过，我赶快做了随时补救的准备。

泪无痕：没有，他并没有收敛多少，只是他变了，变成了另一个人。那件事以后，他们公司的效益开始下滑，赚到的钱有时都不够给员工开工资、发奖金，公司只能勉强维持，几个股东之间的关系也破裂了。他的心情越发不好，回来经常拿我出气。他只要喝醉酒，就会对我动粗，轻则动嘴辱骂，重则拳脚相加，简直变成了一个……

话音未落，我已经明白她为什么不生气了。恐惧占据了她的内心，哪里还有生气的机会？说到"简直变成了一个……"的时候，她的身体微微后倾，停下来不说了，应该是突然想到了什么并且感到了恐惧。她到底想到了什么呢？我决定追问下去，只有这样才有可能突破，如果放过，就会错过重要信息。

抚心人：他简直变成了一个什么？

泪无痕：他简直变成了一个……一个……

抚心人：一个什么？

泪无痕：他简直变成了一个“怪物”。

抚心人：一个“兽头人身的怪物”吗？

泪无痕：我觉得差不多，就像梦中的那个怪物一样，随时都会威胁到我。

前面说了这么多，看起来与梦没有关系。但是，通过刚才的这几句问答可以看出，她开始主动将我们的问答与梦境内容联系起来了，这是一个可喜的变化。这说明，我们前面的问答并没有离开梦，我们关注的方向是对的。

抚心人：现实中，在什么情况下，你会觉得有威胁？

泪无痕：每次他张口骂我的时候，我都会感觉他快要动手了，心里就非常害怕，生怕自己说错话触怒了他。

抚心人：你经常说错话吗？

泪无痕：我觉得自己并没有经常说错话，但他总能从我的话中找到骂我的理由，我都习以为常了。有时候他很过分，连带我的家人一起骂。这是我的底线，绝对无法容忍，于是我不再忍气吞声，

会立刻反击，直接回骂他。哪怕他会动手，我也在所不惜。

她双手紧攥，似乎内心充满了愤怒。我很想知道她的这些愤怒后来是如何发泄出去的。如果没有发泄出去，那愤怒跑到哪里去了？又产生了什么样的影响？想到这里，我觉得当前提问的方向暂时还不能换，还得在这个方向上继续努力。

抚心人：面对你的反击，他会有什么样的反应呢？

泪无痕：有时候，他会更生气，会摔东西，甚至会动手。每当碰到这种情况，我就赶紧骂完，然后躲到房间里，把门反锁上。说来也怪，有时候，他被我骂过后，好像突然清醒了，立即表示悔意，又是解释，又是道歉，说我骂得对，都是自己的错，并保证以后再也不会这样了。可是，过不了多久，他又会骂人，又会动手，我非常无语。现在，无论他说什么，我都不会相信，干脆躲得远远的。

抚心人：你就没有采取什么措施来解决这个问题吗？

泪无痕：也有。我知道他这样对我算是家庭暴力，我可以去告他。可是，那又有什么意义呢？到头来，日子还不是我们自己过吗？我曾经向我堂哥说过这件事，他劝过我老公，可是效果并不理想。到头来，不仅问题没有解决，还让大家都知道了。

抚心人：那你没有尝试与他好好沟通一下吗？

泪无痕：尝试过。为此，我还专门学过一些心理学课程，参加过一些沟通的工作坊，但效果都不明显。最关键的问题是他们公司的生意不好，这是一个客观的现实原因。如果这个问题解决不好，他就会很烦，而我不知道该如何安慰他、帮助他，一不留神就会触到他的痛点。现在他很敏感，经常控制不住情绪，有时候逮着谁就向谁发火，而且火力很大，远远超出我的想象，甚至连个玩笑都开不起。那些不知情的亲戚朋友还会来借钱，但一个个都被他生硬地回绝了。

抚心人：他对孩子呢？

泪无痕：唯独对孩子，他态度很温和，从不发火，最多批评几句，之后还会安慰孩子，鼓励孩子。这是让我非常欣慰的事情，也是我愿意留在这段婚姻里的重要原因。如果他对孩子粗暴，我立马就和他离婚。为了孩子，我愿意忍气吞声。

说来也怪，她这么说的时候，声音立刻大了，底气十足。我侧头注视了她几秒，发现她沉默了，目光中闪烁着几分坚毅。我原本不想打扰她，但还有一个问题很重要，必须要问。

抚心人：他对自己的父母怎么样？

泪无痕：他对父母的态度也不好，几乎就像对我一样，根本无法沟通，说几句话就不耐烦了。说其他事还好一些，只要一提公司的事，他就会像爆竹被点着了一样，立马爆炸。

抚心人：就会爆炸？

泪无痕：是的。

抚心人：就像梦中的手机一样？

泪无痕：是的，很像！对了，手机在梦里代表什么？

抚心人：在现实中，手机主要是用来做什么的？

泪无痕：打电话呀，发短信呀，玩微信呀。如果概括一下，可不可以说是沟通呢？

抚心人：如果手机代表沟通，那手机爆炸了，代表什么呢？

泪无痕：手机爆炸了，是不是说我们之间无法正常沟通，或者说我们的沟通会造成相互伤害？

抚心人：事实是这样子的吗？

泪无痕：我觉得差不多吧。我不知他有什么感觉，反正我只要和他沟通，心中就会不自觉地生出几分恐惧，生怕哪一句话没有说好，让他大发雷霆。

为了保证分析的连贯性，她的几个问题我都没有直接回答，而是在默认了她的回答的基础上不间歇地提问。至此，她身上的问题已经比较清楚了，她老公身上的原因还需要再多问几个问题，才有可能清楚。

抚心人：一般都是你没说对话惹怒了他吗？

泪无痕：不全是，有时候他会故意找碴儿。

抚心人：故意找碴儿？

泪无痕：是的。有时候，他像平常一样，能正常沟通。可是，我这人有时候没心没肺，一放松警惕，话就会多一些。本来我是说者无意，但他比较敏感，总觉得我哪一句话是针对他的，说我含沙射影地讽刺他、挖苦他。有时候，我甚至觉得他在故意勾引我说话，然后从中挑刺，跟我吵架，发泄心中的情绪。我怀疑他心理出问题了。

抚心人：你觉得他心理出什么问题了？

泪无痕：他心理是不是变态了？

抚心人：变态？变成什么样子了？

泪无痕：变成了一个“怪物”？

抚心人：一个会变声的“怪物”吗？

泪无痕：你是说梦里那个会变声的“怪物”就是他？

她没有直接回答我，而是直接反问我。这种说话风格本是审梦师的风格，怎么被她学到了？她突然以这样的方式反问我，让我猝不及防。不过，我很快就知道怎么应对了。

抚心人：你觉得那个“怪物”像他吗？

泪无痕：有些像，怪物是变声音，他是变情绪，都让人难以捉摸，防不胜防。这么说来，可以确定怪物指代的就是我老公，前面我还略有怀疑，现在几乎完全确认了。

抚心人：确认之后，你有什么感受？

泪无痕：我突然感觉自己很可怜，我原来这么害怕他。

抚心人：你现在依然害怕他吗？

泪无痕：我能感觉到，我内心有些害怕他，害怕他的暴脾气又发作了。那是一种让人恐惧和无助的感受，真的很不好！

我认真地体验了她的梦，对她所说的恐惧和无助感同身受，那的确是一种很不好的体验。不过，现实中的这种体验是否依然这么强烈，我还得确认一下。

抚心人：梦的最后说你哭着喊着醒了过来，现实中是这样吗？

泪无痕：现实和梦境并不完全一样，不知道梦里为何如此极端，如此残忍。

抚心人：你对梦中极端、残忍的方式有什么感受？

泪无痕：恐惧，印象深刻。

抚心人：“恐惧，印象深刻”对你来说意味着什么？

泪无痕：意味着，意味着我一直会记着它……我得知道这到底是怎么回事……我得把这个梦弄清楚，不然我会一直焦虑和害怕。

显然，她对我提出的问题毫无准备，所以思维显得没那么连贯。但是，有一点可以肯定，这个回答一定是真实的，是发自内心深处的声音。看着她一脸迷茫、不知所措的样子，我知道，她一定想听我解释点儿什么。不过，现在还不到解释的时候，我还得对她进行引导。

抚心人：如果感到焦虑和害怕，你会怎么做？

泪无痕：我会千方百计地想办法找人分析这个梦，搞清楚它的意思，那样我心里才会踏实。

抚心人：以这样极端的方式来引起你的关注，这或许是潜意识的一个重要意图。如果梦的表现形式平淡无奇，你会重视这个梦吗?

泪无痕：应该不会。如果梦中的情形没有这么极端和残忍，我可能不会太在意这个梦。以前我做了很多梦，我都没怎么关注过，更不会去找人分析。

审梦手记

如果梦者梦中的情绪体验非常强烈，现实中的感受却不是特别明确，主要是因为隔离的防御机制在起作用。所谓隔离，简单地说就是深度压抑情绪感受或完全屏蔽情绪，以至于无法在清醒状态下准确地体验和认知这些情绪。若在审梦过程中遇到情绪隔离的现象，审梦师需要多做一些更为明确的引导，这样有利于加速梦者的领悟。

抚心人：梦以这种极端和残忍的方式来表达，并非只是就事论事，或许是在提示你该关注一下被深深压抑的情绪了。你说呢?

泪无痕：是的，我的情绪是出了问题。为此，我还专门打过几次当地电台的心理热线呢。

抚心人：心理热线？打完之后，你感觉如何？

泪无痕：主持人鼓励了我，安慰了我，也给我讲了一些解决这个问题的方法，但我并没有实施。

抚心人：为什么没有实施？

泪无痕：我也不知道。我总感觉主持人理解的方向不对。

抚心人：主持人是怎么理解的？

泪无痕：他把我老公的表现视为单纯的家庭暴力，认为我可以先在家庭内部调节，实在不行，就让我报警。我觉得报警最多能暂时制止他对我实施暴力，并不能从根本上解决问题。

抚心人：根本的问题是什么？

泪无痕：性格，他的性格和我的性格。

抚心人：你是什么性格？他又是什么性格？

泪无痕：我的父母都是老师，我从小接受的教育就是要低调做人，老实做事，本本分分，平平淡淡。可是我老公不一样，他的家人都是做生意的，做人不够真诚，比较奸猾、浮夸、张扬。我记得小时候，我奶奶说过一句话，“做人不低调，做事必垮掉”。我们一家都信奉这句话。我一直记在心里，也是这么去做的。我告诉我老公这句话时，他却反驳说，他们家信奉的是“做事不张扬，成不了栋梁”。我们的观念是根本对立的，性格也存在着根本的差异。说实话，我并不欣赏他的性格，当时嫁给他只是因为他长得帅，对我也好。现在看来，性格才是最重要的，性格决定命运。

看来，主持人的分析并不十分透彻，而她个人的领悟非常重要，我很欣赏。虽然我之前准备继续提问，但在此刻，我决定放弃提问，而要鼓励一下她。

抚心人：说得不错，你领悟到的远比这个梦告诉你的还要多、还要深！

泪无痕：这是多么痛的领悟呀！

抚心人：是呀！多么痛的领悟呀！

泪无痕：最近一段时间，我的情绪特别不好，尤其是他在家的时候，我总是神经紧绷，丝毫不能放松，但又不能逃走。他现在对我很依赖，生怕我抛弃他。可是，我们不能多说话，说多了，他的脾气又要爆发了。最近，他把我抓得越紧，我越害怕。这种感觉实在太难受了。

抚心人：他目前的状态可能不太好，有点儿退行，就是退回到过去幼稚的状态了。你能理解这个意思吗？

泪无痕：能理解。我有时候也觉得他像个小孩，不成熟。

抚心人：他这个状态可能会持续一段时间，需要你的精心陪护，耐心沟通。过些日子，等外部环境宽松些时，或者自己突然想通了，他就能恢复过来了。

泪无痕：是的，他也这么说，让我给他一点儿时间。那我就小心陪他一段时间吧，注意说话方式，尽量不刺激他，看看情况会不会好起来。

抚心人：嗯！值得一试。关于这个梦，你都理解了吗？

泪无痕：我理解了。现在我的心情轻松了许多。这个梦总算有着落了！谢谢老师！

抚心人：不用客气！那今天的分析就到这里！

说罢，我便起身。她也跟着站了起来，刚往外走了两步，又回身拿起忘在沙发上的手机，尴尬地冲我笑了笑，快步离开。送走她之后，我本想静下心来梳理一下这个梦，可是“家庭暴力”这四个字一直萦绕在我脑海中，挥之不去。

家庭暴力是现代婚姻里最具威胁性的杀手，也是夫妻关系中的顽疾。有四种家庭暴力特别需要重点关注：第一种是家庭遗传式的暴力，简单地说，就是爷爷打奶奶，爸爸打妈妈，那么，儿子打媳妇的可能性就很大，这种遗传不是先天基因的遗传，而是后天行为的模仿，在潜移默化中，暴力便成为一种习惯，一代一代地传下去了；第二种是矛盾激化式的暴力，就是因为某些具体的事情而引发了对方的暴力行为，这种暴力行为具有一定的突发性和爆发性，往往是夫妻双方在克制失败之后的意外事件，这种暴力的特点具有鲜明的一过性；第三种是心理病态式的暴力，即夫妻双方中一方有冲动性人格或反社会人格，有这两种人格倾向的人经常存在潜在暴力倾向，而且很难校正，很难改变，因为这种暴力已经被施暴方内化为一种生活方式了；第四种是诱导暴力式的暴力，即夫妻双方有一方通过激烈的言辞或行为来激怒对方，使对方对自己施加暴力行为，这种情况往往与诱导一方的成长经历有关。有些人从小经常被家暴，逐渐习惯于过充满暴力的生活，因为那才是熟悉的生活，所以组建家庭后经常会无事生非，主动引发矛盾，激发对方的暴力行为。这是一种病态的心理在作怪，需要心理咨询师对症治疗。

8

当闹铃响起的时候

早上，我煮了一壶七年的贡眉加二十年的陈皮，茶香刚刚弥漫开来，汪梦谨就送进来一张今天的审梦预约表单给我。今天的梦者是一位男士，叫水磨石，今年三十六岁，阳光帅气，为人谦和，勤奋善良。他大学毕业后，在一家私企上班，经过多年的打拼，现在已经步入企业管理层。平时工作业绩突出，人际关系不错，是单位上上下下都喜欢的那种领导。和妻子结婚十多年，日子总体平稳。不过，最近一年多，水磨石经常找各种理由不按时回家，这让妻子很不高兴，渐渐地，两人之间的沟通越来越少，关系也越来越淡。表面上两人和平相处，一切稳定如常，实际上矛盾和裂痕越来越深。这期间到底发生了什么？他们谁也说不清楚，也不想搞清楚。近日，水磨石做了一个奇怪的梦，令他非常不解，自觉非常重要，于是带着好奇心来了。他很准时，也很谨慎；很礼貌，也很坦率。

水磨石：你好！

抚心人：你好！

水磨石：你是抚心人老师本人吗？

抚心人：是的，你是？

水磨石：我是水磨石！我在书上见过你的照片，感觉你比照片上年轻许多！呵呵呵……

抚心人：可能是摄影师把我照老了吧！

水磨石：有可能！我闻到了茶的味道，你是不是煮了老白茶？

抚心人：没错！要不要来一杯？

水磨石：刚才你一开门，我就闻到这个味道了，就等你问我呢，呵呵呵……

我们走进工作室，还没等落座，汪梦谨就用一个崭新的茶杯端来一杯白茶，礼貌地放在茶几上，然后微笑着退了出去。显然，汪梦谨听见了我们的谈话。水磨石迫不及待地端起茶杯，轻轻吹了吹，小心地抿了一口茶，随即又小心地放下茶杯。

抚心人：味道怎么样？

水磨石：嗯！味道真不错！对了，这几天我正在看你写的书，虽然书还没有看完，但我已经对释梦产生了浓厚的兴趣。上周五晚上我做了一个梦，百思不得其解！我急切地想知道这个梦到底想告诉我什么，所以就扫了书上的二维码，本来想碰碰运气，没想到真的约到了你！今天能见到老师，我非常高兴。我就不绕弯子了，还请老师帮我分析一下这个梦，以解开我心头的困惑。

抚心人：你做了一个什么样的梦呢？

水磨石：这个梦不是很长，但有三个场景。

第一个场景。天色渐晚，快要下雨的样子，我拿着一张票跑进一栋大楼，不知不觉进了一个房间。我打量了一下四周，发现房间墙上挂着一张画，画上有一个穿着暴露的女性，突然有一种暧昧的感觉。紧接着，有一个女人端来一碗水，放在地上。我把脚伸了进去，她居然没有生气，还笑嘻嘻地看着我，和我聊天。不过，我看不清她的样子。

第二个场景。我正在看电视，突然听见一阵急促的敲门声，感觉外面好像有许多人。我非常慌乱，不知所措。接下来，外面好像突然安静了。

第三个场景。好像是深夜，孩子早早就睡了，妻子在看电视，我在书房玩电脑。房间里安静得出奇。突然听到一阵警报声，我心里一惊，猛地坐了起来。原来是我定的手机闹铃响了。

梦就这么多。

抚心人：你对这个梦有多少理解？

水磨石：我基本上没有什么理解。第一段梦里的穿着暴露的女性我并不认识，我与别的女人也没有过什么暧昧关系；第二段梦就更搞不清楚了，我最近并没有惊慌失措的感觉；第三段梦好像描述的是我的家庭日常情况，也没什么令人印象深刻的地方。这些都是我疑惑的地方。我看了你的书后，总有一种感觉，越是平淡的梦，其意义可能越不简单。正是出于这样的考虑，我才有了解开此梦的冲动。

说这番话的过程中，他眼神中透出几分坚定，好像在告诉我，他认定这个梦会有某种重要的提示，并且今天他想知道最终答案。当然，这并不是坏事，既然他那么坚定，那么急切，应该会有更好的配合度。于是，我决定从他印象最深刻的地方切入。

审梦手记

梦的长短与分析的难度并没有什么直接关系，越是简短的梦，凝缩得越厉害，分析的难度越大，那些长梦表面上看起来比较难，实际分析起来反倒会简单一些，其难度主要来自分析的时间，仅此而已。

抚心人：你对梦的哪一部分印象最深刻?

水磨石：其实都不是很深刻。不过，第一段梦中那个穿着暴露的女人让我还有点儿印象，梦醒后，我一直在想她到底是谁。

抚心人：那你想到她是谁了吗?

水磨石：没想到，她和我身边熟悉的人都对不上号。

抚心人：在你不熟悉的人中，有没有这样的人呢?

水磨石：你是指我见过但交往不多的女人，是吗?

抚心人：可以这样理解！在你认识但交往不多的人中有这样的女人吗?

水磨石：一时想不起来。

看着他一脸茫然的样子，我觉得他可能真的没有想到什么人，或者他还没有完全理解我的意思。我有必要进一步说清楚我的意思。

抚心人：如果你只是照着梦中这个女人的样子去联想，可能真的一时难以想到什么人。这样吧，你可以试着加上与她相关的其他特征，比如，出现在一个房间里、端水、笑嘻嘻、穿着暴露，再去联想一下，看看会不会想到谁。

水磨石：呵呵，你这么一提醒，我还真想到了。

抚心人：想到了谁?

水磨石：沐足。

抚心人：什么意思?

水磨石：我是说，那个女人可能是沐足技师。

他的回答有点儿绕。起初，我没有明白他的意思。经过再三追问，我才渐渐明白，沐足女技师与这个梦关系密切。但究竟有什么关系，我尚不完全清楚，还需要引导梦者去探索。

抚心人：这怎么讲？

水磨石：我经常去沐足，感觉梦中的那个女人给我留下的印象就像平时沐足时的技师，穿着比较暴露，沐足房间里常有女人的挂画，技师会打洗脚水给我，并且服务态度都非常热情，甚至还会笑嘻嘻地说话。我想那个女人应该就是女技师。

抚心人：嗯，你经常沐足？

水磨石：是的，老师，你没有沐过足吗？

抚心人：有过。

水磨石：是什么原因导致你去的？

抚心人：以前治疗灰指甲的时候，我去过几次。技师是个小伙子，我还被“逼着”办了一张会员卡，虽然钱不多，但现在还没有消费完。有什么问题吗？

水磨石：没什么问题。你的脚病现在治好了吗？

他突然询问我沐足的原因，想必他沐足的原因非常重要。我得在回答完他的问题后，反问一下他沐足的原因，或许在这个方向上探索会加速他对梦的理解。

抚心人：没有，我坚持得不好，一忙就忘了，现在脚上的病也没完全好，卡上还有余额，小店也不知道搬到什么地方去了。对了，你经常沐足是出于什么原因呢？

水磨石：我和你不一样。你是去治病，我是去寻求心理安慰和身体放松。

抚心人：能说得再具体点儿吗？

水磨石：嗯，我是一家私企的中层管理人员，工资收入不高，我却把收入的百分之六十都花在沐足上了。需要说明一下，我的工资是由我自己独立支配的。

抚心人：你觉得这个现象正常吗？

水磨石：我早就注意到这个现象不太正常了，但是我控制不了。老师，你觉得我这个行为正常吗？

抚心人：把百分之六十的收入都花在沐足上，那是有点儿多了。经常沐足不光是花钱的问题，还要花很多时间。你说呢？

水磨石：是的，我平时下班后一般都不急着回家，而是先去沐足，完了以后再回家。有时候回得太晚了，我就编个理由。妻子为此和我吵过很多次。不过，她只是嫌我回去得太晚，并不知道我经常去沐足。

抚心人：你的意思是每天都去吗？

水磨石：不一定每天去，有时候加班就不去了，但频率还是很高，一周能有个三四次吧。起初，我也不想去，但我的车窗上经常会夹一张沐足店的宣传卡片，称持卡优惠力度很大。我看了以后，觉得花不了多少钱，就去了。现在，我感觉自己有点儿沐足成瘾了，不仅浪费了许多钱，也浪费了许多时间。我常常后悔，却无法控制自己的行为。

他的表现确实有一点儿成瘾的感觉，但只用成瘾来形容这个现象有点儿简单了。一个人如此痴迷沐足，应该还有其他更深层的原因。想起刚才他说去沐足店是为“寻求心理安慰和身体放松”，我觉得这句话或许还有更深刻的意味。前面听了没什么特别的感觉，就放过了，不过现在值得再深究一下。

抚心人：你刚才说你能从沐足中“寻求心理安慰和身体放松”，这是真的吗?

水磨石：是的，我在沐足店的沙发上感觉是放松的，想说什么就说什么，即使和技师天南海北地胡说八道，她们都会赔着笑脸，不会怪我，身体和心理都会感到舒适、放松。不像在家里，妻子从早到晚都板着脸，从来没有见她冲我笑过，不说话还好，一说话就指责我，说我这也不对，那也不好。说上两三句话，我们就会吵架，整个家庭的气氛变得很糟糕，我感到非常压抑。

抚心人：你妻子是一个什么样的人?

水磨石：她是一个建筑公司的普通员工，负责监理工作。她比较偏执、理性，平时不苟言笑，显得很严肃。别说对我了，她对孩子也很少笑，从早到晚表情都很严肃，家庭气氛因此很僵化。我和孩子在家都感觉不放松，不温暖，不舒适。孩子总想去和同学玩，去姑姑家玩。我总想和朋友们一起喝茶聊天。如果朋友们忙，我就去沐足，就是不想在家里多待。

他沐足成瘾的原因渐渐浮出水面，问题的焦点瞬间转变成他的妻子。看来我得了解一下他妻子的情况。

抚心人：你妻子一直都是这个样子吗？

水磨石：差不多，刚结婚那会儿她还好一些。

抚心人：她从什么时候开始变成这个样子了？

水磨石：大概是从孩子出生后吧，她要把她父母从农村接到我们家来看娃，说等孩子上幼儿园后就让父母回去，我不太同意。我们家三室两厅的房子，本来就刚够住，突然多住两位老人，我有些不太习惯。再说了，我都没有让我父母住过来照顾孩子，她连问都不问一下我父母愿不愿意住过来，就直接邀请自己的父母，这让我很不舒服。为此，我们闹了很长时间的别扭。对了，再补充说明一下，我父母住在山区农村，她父母住在城乡接合部的农村。我知道，她嫌弃我父母，所以就先把自己的父母接过来。

抚心人：你们没有就这个问题好好协商一下吗？

水磨石：当然协商了，但没有结果。她依然坚持不能接受我的父母，坚持要接自己的父母过来，理由是孩子喜欢姥姥、姥爷，姥姥、姥爷上过学，有文化，能帮着教育孩子。我没有办法，我父母都没上过几年学，又一直生活在农村，生活习惯也不好，所以我只能依了她，让她父母过来。不过，我心里很不高兴，所有的事情只是勉强应付着，相信他们都能看出来。

抚心人：孩子的姥姥、姥爷现在还和你们一起住吗？

水磨石：他们两年前就已经回去了。孩子现在上小学二年级了，我们的关系却回不到过去了。家里的气氛很糟糕，我很不愿意在家里多待。

听他这么描述后，我看到的情况越来越明白了。第一段梦的意思差不多清楚了。不过，仅仅对一段梦的分析不足以呈现潜意识的全部意图，还需要继续审下去。

抚心人：家里现在这个样子，是你想要的样子吗?

水磨石：当然不是了。我想要的是一家三口能和谐共处、幸福快乐、其乐融融，而不像梦里所描述的样子，每个人都只干自己的事情，没有交流。

抚心人：你说的是最后一段梦里描述的样子?

水磨石：是的，梦的最后一部分说“深夜，孩子早早就睡了，妻子在看电视，我在书房玩电脑。房间里安静得出奇”。这差不多就是我们家真实的写照。

抚心人：嗯，我对这一部分印象也很深刻，看起来平淡无奇，其实则不然。如果这样持续下去会怎么样呢?

水磨石：这样下去，将来我们的婚姻肯定会破裂，孩子也会出现问题。

抚心人：所以……

水磨石：所以，我就听到了警报声。

还未等我说完，他已经有所领悟，直接打断了我，引出了“警报声”。这个警报声的解释非常重要。一般说来，梦中出现的警报声表示来自心理的警示或预警，但我还不想直接告诉他警报声的意思，想引导他自己理解。

抚心人：那你怎么理解这个警报声？

水磨石：应该是自己对自己的提醒吧，算是来自内心深处的警示，不过……

抚心人：不过什么？

水磨石：为什么这个警报声是闹铃引起的？是巧合吗？

抚心人：或许有巧合的成分，也可能是潜意识的精妙安排。这些都不重要，更重要的是，闹铃在梦中化作警报更能引起人的警惕。不是吗？

水磨石：是的，我当时心里一惊，猛地坐了起来，愣了好一阵子。

抚心人：你发愣的时候，脑子里都在想些什么？

水磨石：我想，或许是时候改善一下这样的情况了，否则危机迟早会爆发。

抚心人：你打算怎么改善？

水磨石：其实，我也能理解她的所作所为。我已经想好了，我以后要主动邀请她的父母多来我们家住，毕竟她是家里的独生女。我还有一个兄弟和一个妹妹在家，我不能总和她计较。当然，我得先和她正式地、好好地沟通一下。

抚心人：如果你能这样想、这样做，那就太好了！

水磨石：我肯定会的，请老师放心！

梦分析到这里，似乎他已经明白了梦的意思，知道此梦与妻子密不可分。不过，值得注意的是，他一直没有提第二段梦。这个现象很怪，明明是三段梦，他只分析了两段，却表现出了已经理解的迹象。看来，我还得引导一下他。

抚心人：那就好！这个梦，你已经全部理解了吗？

水磨石：差不多了。不过，老师，我还有几个地方没有搞明白。

抚心人：什么地方不明白？

水磨石：既然那个女人是沐足技师，为什么她端来的是一碗水呢？

抚心人：说到碗，能让你联想到什么？

水磨石：饭碗！这是我脑子里最先想到的词。

抚心人：那如果将它还原到梦里，又该如何理解呢？

水磨石：呃，沐足是她的工作，也就是她的饭碗。

抚心人：那你将脚伸进碗里，这意味着什么呢？

水磨石：意味着，她可以开始工作了？

抚心人：那伸进盆里岂不是更恰当，梦里为什么要伸进碗里呢？

水磨石：是呀！伸进碗里总有一种不尊重别人的感觉。

抚心人：你在沐足的时候，有没有不尊重技师呢？

水磨石：不瞒你说，偶尔也有。更多的时候只是开个小玩笑，讲个荤段子，其实也没什么，就是图个开心，找个乐子。她们多半都没有什么感觉，经常听罢就一笑了之。不过，说实话，从内心深处来讲，我对这份工作还是有一点儿贬低的。

抚心人：你感觉这一点和梦里的感受是否一致？

水磨石：完全一致。我刚才也有这样的感觉。对了，老师，你是怎么看待沐足技师这个职业的？

抚心人：你期望我和你有一样的看法吗？

水磨石：我期望能听到你真实的想法。

他的语气很坚定，一直盯着我，生怕我骗他。看来这一次以问题应对问题的提问技巧不好使了，我必须直面这个问题。

抚心人：我觉得她们的工作很不容易，如果还有更好的选择，谁愿意从事这么一份既辛苦又容易被人贬低和误解的工作呢？

水磨石：是的，我也这么想，她们确实不容易！对了，为什么在梦里我看不清梦中那个女人的样子？难道是……

抚心人：难道是什么？

水磨石：难道是因为我经常去沐足，给我服务的沐足技师并不是某一个固定的人，所以我看不清她的样子？那个女人只是代表了女技师这一类人，而不是某一个人？或者，我并不想真诚地去面对她们？

抚心人：你这样想过吗？

水磨石：想过呀！其实，我并不留恋沐足店，甚至挺反感那个地方，只是我没有别的可以放松的去处。所以，我经常不自觉地就去沐足店了，可能已经成为习惯了吧！

或许我刚才的真诚打动了他，我感觉对这一段梦的分析，他的主动性和积极性增强了许多。这样的表现预示着离他主动谈第二段梦不远了。

抚心人：你打算改掉这个习惯吗？

水磨石：是的，从上星期三开始，我就有这样的打算了。

抚心人：上星期三，时间这么精确吗？

水磨石：呵呵呵，时间精确是因为在这一天发生了一件事。这件事太让人印象深刻了。

虽然到目前为止，他依然没有提到与第二段梦有关的问题，但凭我多年的分析经验判断，他这么极力掩饰的事情是时候出场了。听到他这么说，我虽然有一丝着急，但还是稳了稳，然后才说话。

抚心人：是一件什么样的事情呢？

水磨石：我说出来，你可别笑话我。

抚心人：这件事很惹人笑吗？

水磨石：也不是，反正很特别。

抚心人：你越说，我越好奇了，可以说出来听听吗？

他点了点头，略微调整了一下坐姿，端起杯子喝了一小口茶，清了清嗓子，才开口说话。

水磨石：就在做梦的前两天，晚饭后，我和妻子为孩子的事情吵了几句。为了防止事态升级，她把自己关到房间里给孩子辅导作业。我突然觉得被孤立了，无奈之下，我只好出门去走一走，顺便让自己冷静一下。我不知不觉地走到了以前经常去的那家沐足店门前。那家店离我家很近，不到十分钟就走到了。可是我去了以后，等了十分钟左右，也没有一个技师空出来，于是我一直往前走。大约走了不到一站路，我又看到一家沐足店。这一家店我从未去过，一进门，只见里面空无一人，我就好奇地走了进去，随机走到离门口最近的一间房子。进门后，只见墙上挂的电视开着，正在放一部我没看过的电影。我很好奇，怎么没人看？正当我准备退出来的时候，突然听到走廊传来一阵嘈杂声，我赶紧关上门。透过门上的小窗口，我看到警察带走了几个披头散发的女人和几个衣冠不整的男子。此时，我突然意识到，这家店可能不是一家正规的沐足店。此刻，我万分后悔。就在这时，我听见外面有一个警察说，“再仔细搜查一遍，看看有没有漏网之鱼！”听到这句话，我想赶紧躲进卫生间。说来真是寸，我开卫生间门的时候，门居然“咯吱”一下响出声来。警察好像听到声音了，于是径直走进来。

抚心人：结果呢？

水磨石：房间无处可藏，我没有办法，只好把门打开，躲到厕所门后面。其实，那个警察进来只是走马观花地看了一下，根本没发现我，就准备走了。我刚松了一口气，谁知道我的手机突然响了！

说到这里，他摊开双手，显得有些无奈，满脸堆着苦笑。

抚心人：这真是太凑巧了！

水磨石：是呀！于是，警察发现了我，让我出示证件。我出示了证件，实事求是地做了解释。但警察不听我分辩，坚持要把我带回所里。无奈，我被带走了。

抚心人：后来呢？

水磨石：后来，警察把我和那几个人一起带回派出所，对我们进行了简单的讯问。之后，我们被关在几个不同的房间里，派专人看守。我赶紧给妻子发短信撒了谎，说自己开车出去和同事李铁心吃饭，喝了点儿酒，回不来了，就住到同事家里了，第二天回来。她居然信了。

抚心人：再后来呢？

水磨石：到了第二天中午，警察对我进行了反复讯问，觉得我没什么问题，真的只是一场误会，对我进行批评教育之后就让我回家了。

抚心人：经历了这件事后，你有什么感受？

水磨石：真是好奇害死猫！常在河边走，迟早会湿鞋！发生这件事后，我想以此事为契机，改掉这个沐足习惯，把更多的时间和精力用在妻子和孩子身上。说来也怪，那件事之后，我就不生妻子的气了。

抚心人：你觉得这件事情和第二段梦之间有什么关联吗？

水磨石：嘿嘿！明白了！这段梦好像说的就是这件事，我刚刚才意识到。

抚心人：那可真是太巧了！

水磨石：是的！如果你不问，我可能想不到这件事与第二段梦之间的关系。

抚心人：你明白了。我还有一个疑点，第二段梦的后面为什么说“外面好像突然安静了”？

听我这么一问，他下意识地挪动了一下屁股，低头略作思考，好像他已经知道了答案。

水磨石：应该是说，这件事之后，我的一切生活又恢复了往日的平静！

抚心人：这件事之后，你的一切生活又恢复了往日的平静吗？

水磨石：应该说有所恢复，不过这份平静只维持了不到半天。

抚心人：半天?

水磨石：是的。我第二天中午从派出所出来，吃了便饭，下午就去单位上班。总经理见了我就是一顿批，说我不把工作当回事，办公室找不到人，手机随意关机，影响了单位上午的会议。我能说什么呢?只能认批，谎称自己喝醉了，没顾得上给手机充电。领导最后算是原谅了我，因为我平时工作还是挺认真的。下午回到家里，妻子问我是不是外面有人了。我哭笑不得，只得连连称是个误会。妻子不信，非要看我手机通话、短信、微信聊天记录，还有微信、支付宝账单。我只能将一切实情告诉她。

抚心人：你告诉她实情后，她是什么反应?

水磨石：她先是很生气，准备摔门走人，后来被我强行留了下来，我流着眼泪真诚地向她道歉。她也说了许多话。这大概是近两年来她对我说话最多的一次吧。原话我记不住了，大概意思有三个。第一个意思是警告，常在河边走，迟早会湿鞋，让我以后尽量不要去沐足。如果工作压力实在大，想去沐足放松，她并不反对，但次数得限制，一周一次为宜，而且必须告知她时间、地点、沐足项目和消费金额。第二个意思是反思，让我反思一下作为丈夫、父亲的责任和平时应对家庭所尽的义务。当然，她也进行了自我反思，觉得她平时对我的关心不够，与我交流太少，不够尊重我的意见，在一起的时间太短、太少，以后会尽可能改正。第三个意思是她觉得我需要心理帮助，要求我与她的一个心理咨询师朋友聊一聊，看看我的问题到底出在哪里了。

抚心人：你接受她的意见了吗？

水磨石：接受了。她是一个非常理性的人，说话总是条理很清晰，这是我喜欢她的地方。可是，她每次说得都非常好，但是说完之后，自己不会改变，始终都是我一个人在改变，最后还是我一直在适应她。这也是让我心里不舒服的地方。

他的身体又向后缩了一点儿，刚才的快乐表情渐渐消失，脸上浮现出一丝悲观。看来，我得鼓励一下他。

抚心人：这一次，你的经历特殊，或许会引起她的重视，没准儿她真的会改变呢。

水磨石：也有可能，希望如此吧。对了，老师，你觉得我喜欢沐足是一种病吗？

抚心人：你和你妻子介绍的心理咨询师朋友谈过吗？

水磨石：谈过了。

抚心人：她怎么说？

水磨石：她说我沐足所带来的舒服感，强化了我持续沐足的行为。尽管喜欢沐足算不上是病，但可能算得上是一种成瘾行为了，如果不加以控制，可能会影响我们的夫妻关系。

不知何故，他突然停顿了。我觉得这个心理咨询师朋友谈得不错，但还不够完整，应该还有一些解释才对。

抚心人：就说这么多吗？

水磨石：她还说了，我的潜意识中有一种破坏夫妻关系的冲动，而这种冲动可能受我原生家庭中父母关系不好的影响。

抚心人：你父母的关系究竟如何？

水磨石：的确不好。我父母整天吵架、打架，甚至经常闹离婚，但一直没离，就这么过了下来。所以，我希望我的生活不能像我父母一样，我渴望平静安详的生活。岳父岳母都比较理性，很少吵架，也很少交流。妻子从小就习惯了这样的相处模式。结婚后，我被迫适应了她的生活习惯，有时候我想吵架也吵不起来，她太理性了，以至于让我有时候感到特别孤独。

显然，他只是在回忆过去，表达情绪，并没有真正领悟沐足背后的深层动机。我抬头看看他头上的挂钟，所剩的时间不多了。看来我得准确地引导一下他了。

抚心人：当你感到特别孤独的时候，你会怎么做呢？

水磨石：我会去沐足，并且沐足成了一种习惯。

抚心人：沐足对你来说有什么意义？

水磨石：可以缓解压力，可以放松身体，还可以……还可以……

抚心人：还可以什么？

水磨石：我刚才脑子里突然冒出一个念头，但瞬间又消失了。或许这是一个错误的念头。

他欲言又止，让我产生了好奇心。我隐隐约约地觉得，他离领悟只有一步之遥，于是我赶紧追问。

抚心人：是什么念头？还可以什么？

水磨石：一个令我吃惊的念头。我觉得沐足还可以为我们提供一个好好吵一架的理由。

抚心人：你真的这样想？

水磨石：我想应该是吧。要不然，我为什么在家附近找了一家沐足店，而不是选在离家远的地方呢？

抚心人：听起来有些道理。那吵架对你来说意味着什么呢？

水磨石：一种熟悉的感觉吧。我觉得我内心一直有一种吵一架的冲动。

抚心人：那是你小时候熟悉的感觉吗？

水磨石：你说得没错！其实，她盘问我的时候，我有很多理由可说，可是，那个时候，我毫不犹豫地说出这个最能引发矛盾的事实。我可以说我喝多了，也可以说加班了，还可以说和同学打麻将，但我却轻易地说出了这个事实。或许，我潜意识中是想制造一点儿麻烦，以引起她的重视和改变。

他的领悟不错。不过，依我判断，他说了这么多，最后一句话才是重点，也是落脚点，从这里入手进行探索最为恰当。

抚心人：现在她重视你们之间的问题了吗?

水磨石：看样子应该是重视了，但将来能不能改变，就不好说了。

抚心人：你愿意配合她的改变，做出一些努力吗?

水磨石：当然愿意了！我自己也有问题，我打算改变一下。看来我还得正式地找一个心理咨询师谈谈，或者我们俩一起去。

抚心人：她愿意去吗?

水磨石：我先去做，如果她看到效果了，我相信她也一定会去的。毕竟，我们都想把日子过好。

抚心人：这样做甚好！希望你们能早日化解矛盾，过上幸福的生活!

水磨石：谢谢老师！这个梦我算是彻底明白了。真没想到梦里居然藏着这么多东西！以前我老是以为分析梦就是周公解梦那套理论，看了你的书，才对梦有了新的认识。今天的梦被分析之后，我的观念算是彻底更新了。

抚心人：那这个梦，我们今天……

我正要说“那这个梦，我们今天就分析到这里”，没想到他突然打断了我。

水磨石：老师，我用几句话概括一下我的梦，你看看我的理解对不对。

抚心人：你的概括是什么？

水磨石：这个梦告诉我，虽然我心情不好，可以通过沐足来调节，但是在那一次进派出所的特殊经历后，我意识到，如果我再经常去沐足而不加以控制，将来可能会威胁到夫妻关系乃至家庭关系，需要引以为戒。

抚心人：嗯，概括得言简意赅，逻辑严密，推理严谨，看来你是真理解了！

水磨石：谢谢老师！以后若有不理解的梦，我还会联系你的！

抚心人：不客气！随时联系！

说罢，我们几乎同时起身。他没有立刻就走，而是把整个房间打量了一遍，然后回过头看着我，似乎有话要说。我便站住了。

水磨石：我突然发现，你把这个房间布置得很科学！每一样东西都放置得恰如其分，让人感到很舒服。尤其是你煮的这个白茶加陈皮非常好喝。

抚心人：谢谢你的夸奖！

水磨石：我说的是真心话！

抚心人：我听出来了。呵呵呵……那我们今天就分析到这里吧。

水磨石：好的。再次感谢老师的指引！

抚心人：不客气！

送走了水磨石，回到工作室，我开始整理刚才的分析要点，心中感慨不已。

水磨石的特殊经历并不是每个人都有过的，但是，与他有类似婚姻境遇的人真是不少，光是我知道的就有好几对，虽然具体情况不同，但共同之处不少。

他们每一个人在进入婚姻之前，都会对幸福婚姻有美好期望，这种期望不可避免地会受到父母婚姻模式的影响。进入婚姻之后，双方都会不自觉地参照父母的婚姻模式改变对方。然而，幸福的婚姻往往不在于谁改变了谁，或者谁为谁改变了多少，而在于夫妻双方能否一起创造出属于两个人的新的共处模式。只一味地要求对方改变或野蛮地改造对方，到头来不是一场徒劳，便是一地鸡毛。

婚姻幸福，家就会成为港湾，就能像港湾补给舰艇一样让家庭成员获得精神给养。如果港湾水位太浅，补给不足，舰艇就不愿意回到港湾：因为得不到补给，还容易搁浅。从这个意义上讲，家应该是一个能够疗愈伤痛、可以无话不谈、让人轻松快乐的地方。如此，婚姻双方必然都会喜欢家，并愿意为之贡献而乐此不疲。若双方有此共识，必然会协力共建融洽的家庭氛围，最终家庭成员都能从中受益。当然，这只是一种理想化的描述，或者只是一种美好的愿望，现实常常会不尽如人意。当家里长期缺少快乐的感觉时，可能就会有一方倾向于在家庭之外寻找这份快乐，久而久之，便有可能沉湎于一种病态的、成瘾式的快乐而难以自拔。预防这种现象的最好方法不是指责，不是批评，更不是吵闹，而是包容和沟通。

9

一个人的旅行

早上，我一进工作室，就看见好几盆花都有干叶子了，于是拿起水壶准备浇水，苗审严见状赶紧过来帮忙，顺便在茶几上放了一张预约单。他一边心不在焉地摘着干叶子，一边神秘兮兮地对我说：“老师，我昨天晚上梦到和别人比赛爬山，好像是为了摘一朵名贵的花。我感觉自己明明快到山顶了，但就是到不了，我很焦虑，很着急，然后就醒了。这个梦是怎么回事？老师给我一点提示吧。”我突然想到了桃不言的梦，于是笑了笑，随意地说道：“很多事情都需要坚持，尤其是感情的事。你说呢？”苗审严听我这么说，笑着点头称是，拿着一把干叶子匆匆退了出去。我赶紧收拾，因为约定审梦的时间马上就要到了。

今天的梦者叫独行侠，男，三十八岁，离异后至今单身，技校毕业后经营着一家户外用品公司。无拘无束的他平时喜欢长途旅行，酷爱户外运动，尤其是户外探险。他表面上看起来忧郁深沉，内心却充满矛盾，平时朋友不多，但关系都很铁。大家都以为他是个喜欢热闹的人，实际上，他却特别享受独来独往的感觉，从小就不喜欢被人约束，尤其被女人约束。虽然现实中，他经常拒绝别的女人靠近自己，却无法阻止女人进入他的梦里。

他敲门的声音很特别，节奏很慢，声音很响。听到敲门声时，我正好在大厅里，于是打开了门。

独行侠：你好，是抚心人老师吗?

抚心人：是的，你是?

独行侠：独行侠。

抚心人：噢！快进来吧，外面热吗?

看到他脸上蒙着一层薄薄的水珠，我随口问了一句。

独行侠：哈哈哈，不热，还有点儿凉呢！刚才被洒水车洗了个脸，我没有擦，感觉挺好。

抚心人：原来如此。你需要纸巾吗?

独行侠：不用了，让水珠自然干挺好的，现在都快干了，我很喜欢这种感觉。

我突然注意到，他身上的衣服也有些湿，但他似乎并不在意。说话间，我们走进工作室，我示意他落座，也未见他有丝毫的拘束感。这几天，天气还不是特别热，但他已是一身清凉打扮了，上身是米黄色短袖衫，下身是藏青色的全麻九分裤，脚上是一双粗布鞋，显得格外古朴、素雅、清凉。

抚心人：这是一种什么样的感觉？

独行侠：一种难以言说的感觉，你可能暂时理解不了。对了，梦已经发给你了，看到了吗？

抚心人：看到了，这是什么时间做的梦？

独行侠：三天前，大概夜里两三点吧。

抚心人：能不能把梦再讲述一遍？

独行侠：好，梦不长，我梦见要去一个地方，路很远，而且很窄，好像不通车，只能步行去。我一个人背着包就出发了。感觉天色不早了，快要黑了，我好像处在两个荒山中间的狭长小路上，四顾无人，心中有些惊慌。我找到一棵小树，靠着树休息了一会儿。忽然手机响了，是一个女人打来的。我简单地说了两句，就挂断了，虽然感觉她好像有重要的事情要说，但是我根本没心思听。

场景一转，我走出大山，正要穿过一片沙漠，远处有一支驼队，这时我发现自己身上没有带水。我心中突然充满了担忧，心想，万一我走不出去，渴死在沙漠上怎么办？此时，我又想到了刚才打电话的人，我想回拨过去，但又觉得不好意思。犹豫间，担心中，我突然就醒了过来。

抚心人：你对这个梦有什么理解吗？

独行侠：我确实对此梦有自己的一些理解。不瞒你说，我在网上查过，觉得不是很满意。我自己也想过很长时间，今天正好在老师这里求证一下，看看我说得对不对。

审梦手记

审梦的过程如同跳双人舞，需要审梦师和梦者共同配合，如果梦者探索梦境的积极性比较高，主动性比较强，审梦就会变得很容易。

抚心人：很好！可以详细说说吗？

独行侠：从哪里说起呢？就从我说起吧。我这个人，特别喜欢游山玩水，算得上是一个超级驴友。我特别喜欢去那些人迹罕至、风光秀美的地方，比如秦岭七十二峪的源头、林芝的雅鲁藏布江大峡谷、新疆的喀纳斯湖、内蒙古的腾格里沙漠。所以，我在想，这个梦是不是在讲我旅行的事情？

抚心人：旅行中发生过什么印象深刻的事情吗？

独行侠：除了会发生一些险情，没有什么其他值得一提的事情。旅行中发生险情，在我看来也很正常，经常发生，所以印象不深刻。

看样子，他可能一时间很难想到旅行中印象深刻的事情，于是我决定帮他做一些判断。

抚心人：若是险情经常发生，自然不容易入梦，看来这个梦不是表达旅行中的险情。你觉得呢？

独行侠：你是说梦另有所指？

抚心人：难道这个梦只表达旅行中的事吗？

独行侠：那还会表达什么事呢？

抚心人：你有什么初步的理解吗？

独行侠：我的理解可能是错的，我都不好意思说了。还是你来帮我分析吧。

他这句话一出，我立马后悔了。从他的言语中，我觉得我做出的判断已经影响到他探索梦的积极性了。看来，后面的分析还是要以引导为主。

抚心人：梦中提到了一个女人给你打电话，你还记得吗？

独行侠：记得呀，我只是简单地和她说了两句，就挂电话了。

抚心人：在梦里，既然你感觉到她有重要的事情要说，却没有心思去听，可能是什么缘故呢？

独行侠：我也搞不清楚，梦里只知道她要说话，却不知道她要说什么。总之，我感觉很烦，就不想去听了。

抚心人：那现实中有这样一个人吗？

独行侠：有，确实有这么一个人，是一个朋友，女的。

抚心人：能详细地说一下这个女朋友吗？

独行侠：不是女朋友，是女性朋友。

抚心人：是的，是女性朋友。那就说说这个女性朋友，如何？

他停顿了片刻，向窗外看了一眼，又看了我一眼，才开口说话。

独行侠：本来不想说的，既然你问到了，我就说说吧。

抚心人：是要说说的，万一与这个梦有关呢。

独行侠：怎么说？从头详细说起，还是大概描述一下？

抚心人：怎么说都可以。如果我觉得需要什么信息，我再问。这样可以吗？

独行侠：可以，就从我说起吧。如果我没说周到，你就随便问。我是一个比较自由散漫的人，喜欢自由自在、无拘无束的生活，爱好户外活动，尤其是旅行和探险。我不喜欢女人经常在身边叽叽歪歪，可是偏偏有一个女人经常纠缠我、骚扰我，还说我需要她的照顾。呵呵，简直是笑话，我早就习惯一个人生活了。之前，我身边没有她，不是照样过来了吗？这个女人就喜欢没事找事。

抚心人：这是一个什么样的女人？

独行侠：她是我离婚以后认识的一个驴友，名叫青青。

我本想先了解一下青青这个人，但考虑到离婚也是一个重要的信息，而且在语序上也比较靠前，所以我决定先从他离婚的事情问起。

抚心人：你离过婚？

独行侠：是的，三十五岁结婚，三十六岁离婚。

抚心人：能说说原因吗？

独行侠：当然，我正在想怎么说给你听。算了，想到哪里就说到哪里吧。我前妻是家里人介绍的，她个人条件不错，是一个事业单位的小领导，好像是个科长，观念比较传统保守。我当时正在经营户外用品店，生意很好，挣了不少钱。两人见面，都觉得能对上眼，而且年龄都大了，也没多想，处了三个月就匆匆结婚了。婚后，我们并不经常在一起，结婚一年在一起的日子差不多只有半年左右。我们也没有计划要孩子，都只顾着忙自己的事情。我能明显地感觉到，我们是两条道上的人，人生观和价值观各不相同。她每天早上起床，晚上下班，一日三餐，很规律；我经常出去和朋友旅行探险，考察户外用品的销路和进货渠道。她经常责怪我没有家庭观念，只知道游山玩水，不务正业，对未来缺少计划，说和我在一起没有安全感。我经常指责她官架子太大，并且把它搬回了家。

抚心人：这是什么意思？

独行侠：她在单位当了个科长，手下管了三个人，以前都是她的同事，关系挺好，年龄也相仿，所以大家都直呼姓名。她当了科长后，大家虽然特别支持她的工作，但称呼上还是直呼其名。她觉得自己没有被尊重，专门开会，组织大家学习关于对领导称谓的文件和规定，要求大家以后在公共场合叫她科长，搞得大家都很尴尬。这事我是听我一个哥们儿说的，他媳妇就在我前妻隔壁的办公室。

她在单位的这些表现，我管不着，也不想管，可是她回到家里也经常端个官架子，整天在我面前指手画脚，对我的生活说三道四，简直烦透了。后来，我们吵了几架，就离婚了。离婚后，我觉得一个人过得挺清闲，挺享受，不想再找对象。

抚心人：家里人对你的婚姻是什么态度？

独行侠：这么说吧。我结婚以后，父母就和我哥生活在一起，他们都住在海南，我每年回老家住的时间不超过三个月，我们沟通得比较少。我离婚的事，的确让他们很意外，因为我事先没有征求任何人的意见，就直接离了，离婚后一个月才告诉他们，他们很生气，但也没办法。

关于离婚这件事情，他叙述得比较简单，其中还有许多细节需要了解和澄清。

审梦手记

在审梦的过程中，当梦者概述性地表达复杂的问题时，审梦师不可轻易地认为问题本身就是这么简单的。有可能梦者不知道该把表达的重点放在哪个问题上，就等着审梦师去引导。这个时候审梦师一定要结合上下文，尽快确定梦者此刻可能最关注的问题，然后针对这个问题发问。

抚心人：离婚后，你感觉怎么样？

独行侠：感觉很自由，很舒服。这似乎就是我想要的生活，终于没有人在我耳边叨叨了，感觉很清静。离婚后的生活很简单，就两件事，一件事是挣钱，另一件事是花钱。我每个月前两周去店里认真工作，主要是为了挣钱；后两周和朋友们一起出去玩，主要是去花钱。我感觉这样生活很快乐，没有压力。

抚心人：你出去玩，店谁来打理？

独行侠：店长呀！我在城里开了三家店，还有一个网店，一共四个店长。我走后，他们各负其责，都很敬业，主要是我给他们的工资很高，是普通店的两倍。他们都把我的店当成自己的店经营，我也给他们足够的自主权和信任度。

前面，他曾经提到自己离婚后认识了一个驴友青青，我按照语序先关注了他离婚的事情，相关信息已经收集得够多了。现在是时候将重点转到青青的话题上来了。

抚心人：你是什么时候认识青青的？

独行侠：离婚半年后认识的。

抚心人：关于青青，你能说得更详细一些吗？

独行侠：当然，你不问，我也会说的。我刚才突然感觉，她可能与这个梦有一些关系。记得有一次，我们去泰国清迈玩，一共有八个人，其中就有青青。我当时和她不熟，只是打过几个招呼而已，她是我一个朋友的闺密。听说青青离婚已有三年多，年龄比我小五岁，一个人过着，离婚后抑郁了好一阵子。我们去海边游泳的时候，她因为体力不支，差点儿溺水。游泳是我的强项，我第一时间发现她溺水，于是以最快的速度游到她身边，把她救上了岸。她溺水的情况不是很严重，恢复了以后，对我说了许多感激的话。之后，她就经常主动靠近我，跟我说话，我也不好拒绝她。于是，我们的交往就慢慢地多了起来。

审梦手记

当梦者的叙述激起审梦师的想象时，审梦师不要随意。许多梦者在分析梦的过程中，为了节约时间，会主动压缩信息，需要审梦师脑补才能更完整。适度脑补是有意义的，但是，过度脑补很容易诱发审梦师的主观投射，进而影响梦境分析的准确性。

抚心人：当时你的感觉如何？

独行侠：一开始感觉还行，我只当交了个朋友。后来我发现，她对我的关心和约束明显多于别人，我就感觉不舒服了。我喜欢无拘无束的生活，不喜欢别人过多地约束我，更不喜欢别人对我过度地关心。所以，我就找了一个机会告诉她，“我不需要别人这么感谢！以后别在我身上花心思了，我后半辈子不想找对象，就准备一个人终老。”

抚心人：你说得这么直接吗？

独行侠：这几乎是原话。我怕她听不明白，所以说得很直白。

抚心人：她是什么反应？

独行侠：她并没有感觉到意外，也没有生气，只说她会陪我一起终老。她显然不了解我。我就像《血色浪漫》里的钟跃民一样，喜欢在路上旅行的感觉，不想被感情或者婚姻束缚。

他这么说的时候，一脸严肃，丝毫没有开玩笑的感觉。我觉得，他或许真是这样一个人。不过，青青喜欢他是真心的，或许他有什么难言之隐，我现在还不得而知，要揭开谜底，只能继续追问。

抚心人：你能看出来她很喜欢你吗？

独行侠：当然能。她肯定是言情小说看多了，我救了她，她就要以身相许。早知道我就不救了，省得麻烦。你知道吗？在我没有把话挑明之前，她就开始管我了，一会儿不让我喝酒，一会儿不让我抽烟，一会儿不让我去探险。她自己不知道，她的关心过度了，严重地干扰了我的生活。我忍无可忍，就把她拉进黑名单。

抚心人：然后呢？

独行侠：然后清静了许多。

抚心人：这事从此就忘掉了吗？

独行侠：还好吧。至少没有之前那么烦了，我一个人过得挺舒服。

抚心人：你一个人真的过得挺好吗？

独行侠：差不多吧，总比被人管着好。我觉得我前妻和青青有一个共同的特点，那就是管我管得太多了。其实，她们人都不错，长得漂亮不说，都很能干，但她们的管束让我很烦，简直就像我妈一样。我找的是老婆，不是找妈。

他突然提到妈妈，这是一条很重要的信息，但我暂时还不想讨论他妈妈，先记着，一会儿时机成熟一些的时候再问也不迟。眼下还有一个非常连贯、更加紧迫的问题等着我问呢。

抚心人：你刚认识她们的时候，难道没有觉察吗？

独行侠：没有，或许她们伪装得好吧。说来也怪，我明明是要找个老婆，可是接触时间长了之后，发现她们都变成"我妈"了。我在珠海打工的时候，谈过一个女朋友，也是如此。关于这个女朋友，我就不多说了，已经过了很多年，而且她与这个梦无关。

抚心人：嗯。你仔细想一下，到底是她们都变成了"妈"，还是你变成了"儿子"？

独行侠：你是说我不成熟？

他突然侧过身子，两只眼睛一眨不眨地盯着我，还用质问的口气问我。我最不担心的就是被梦者质问，因为每一个质问背后都隐藏着一种突破的可能。

抚心人：有人曾经说过你不成熟吗？

独行侠：有过。

抚心人：谁？

独行侠：我妈。

抚心人：你妈？

独行侠：是。我妈在我结婚后还这么说过几次。她说我什么时候才能不这么顽皮，而且是当着我前妻的面，还让前妻好好管管我。我气坏了，觉得很没面子，好像前妻成了妈妈的替身。

话到此处，我觉得可以问问他妈妈的情况了，这样显得一切水到渠成、顺理成章，不会那么突兀。

抚心人：你妈是一个什么样的人？

独行侠：我妈是一个女强人。我还是把我妈和我爸一起说吧。他们都是老一辈的工人阶级，我爸是高级技术工人，我妈先是当技术工人，后来又当了厂里的工会主席。他们两人的关系不好，我妈太强势，两人经常闹矛盾。但是，在对我和哥哥的教育上，他们的意见出奇地一致，要求都很严格。我哥哥似乎乐意接受严格的要求，正是因为被严格管理，才考上了大学。但是，我很不适应被严格管理，我喜欢随心所欲，小时候整天与爸爸妈妈对抗。毫不夸张地说，整个青春期就是我和爸爸妈妈的一部抗争史。其间，我闯下许多祸，他们被老师约谈了无数次，给许多家长道歉，也打骂、批评了我无数次。后来，我没有考上大学。在厂里所有的子弟中，我是唯一没有考上大学的孩子。我妈气坏了，强烈要求我补习一年。无奈，我就补习了一年，结果不但没有考上大学，成绩比之前还差。从此，我再也不想考大学的事了。我妈灰心了，对我的态度有了一百八十度的大转变。

抚心人：变成什么样子了？

独行侠：彻底不管了，说是让我自生自灭。我爸也是这个观点。

抚心人：那你怎么办呢？

独行侠：我妈虽然说不管了，但还是想管。她托人安排我去上工厂里的技校。我只上了三个月，就偷偷地去当了兵。他们知道后很生气，但实在没有办法，就同意我参军了。

抚心人：你当过兵？

独行侠：是的，干到了二级士官。我很少向别人提及这段经历。

抚心人：当兵的这段经历感觉如何？

独行侠：感觉很好，虽然辛苦，却值得，我不后悔。这是我长这么大以来第一次在重大的事情上为自己做主。在部队，我当的是侦察兵。侦察兵的单兵训练，让我养成了探险和独行的习惯。我经常会一个人潜伏到“前沿阵地”去侦察“敌情”，那个时候我就发现，我喜欢上了一个人冒险的感觉。

“一个人冒险的感觉”这句话一出，我立刻想到了他报梦时所说的那句“我一个人背着包就出发了”，不知道这两句话之间有什么关联。我总觉得它们之间是有一些联系的。所以，我必须换一个方式引导。

抚心人：这种感觉与梦中“一个人背着包就出发了”的感觉相似吗？

独行侠：嗯，你这么一说，我感觉挺相似的，都是要去做一件事情，都有一种使命感。

抚心人：是吗？

独行侠：是的，差不多吧。

抚心人：梦中心里惊慌的感觉在现实中有过吗？

独行侠：在部队当侦察兵，一个人完成任务时确实有这种感觉。尤其是我一个人在山中潜伏时，常常会有这种惊慌的感觉，只是当时可能被大部分兴奋感和使命感掩盖了，所以惊慌感没有那么清晰。

抚心人：你现在一个人的时候有没有这种惊慌的感觉呢？

独行侠：没有，应该没有，我觉得没有，至少你问我的时候，我没有。

起初，他说没有的时候，我准备相信他，但后面紧接着说“应该没有，我觉得没有，至少你问我的时候，我没有”，这连续的三个“没有”让我产生了疑问。

审梦手记

审梦过程中，梦者反复强调的内容、出现频率过高的词语、语调突然变化的地方，都需要特别关注，一定不能轻易放过。

抚心人：会不会也被某种兴奋感或其他什么感觉掩盖了？

独行侠：这个，我得想想……或许……或许我现在到处去旅游、去探险的行为让我很兴奋，而这种兴奋感掩饰了我内心的惊慌感。

抚心人：你在生活中有没有体验过这种惊慌感呢？

虽然这个问题我之前已经问过了，但他刚才并没有完全敞开心扉。经过新一轮的扰动之后再问这个问题，我相信他会有一些新的思考。

独行侠：应该是有的。有时候，夜深人静的时候，我有过这样的感觉，但很快就过去了。

抚心人：客观地讲，这种感觉从来没有真正地过去过，它一直都在，隐藏在你内心深处。你说呢？

独行侠：应该是吧！现在跑到梦里来了！

抚心人：你现在知道梦里的这种惊慌是什么原因引起的了吗？

独行侠：大概知道了一些吧。

说话时，他的声音有点儿低沉，情绪略显沮丧。沉默了片刻之后，他端起茶几上的水杯轻轻地抿了一口，看着我，似乎等我问下去。

抚心人：是什么原因？

独行侠：应该与梦里打电话的那个女人有关。我现在几乎能肯定，那个女人就是青青，我们俩之间打电话或面对面说话时基本上就是这种情形。简单说几句之后，我就想结束，因为我不想让她把话题引到我们之间的关系上。

抚心人：所以，你们沟通的时候，你根本没有心思去听她说话？

独行侠：是啊。梦里和现实居然是一样的，我刚才却没有意识到。

看来，他的防御已经没有了，我得趁热打铁，一举突破。

抚心人：拒绝青青有没有让你体验到一种惊慌的感觉？

独行侠：说实话，应该是有的。

抚心人：怎么讲？

独行侠：我这些年探险，骨折过两次，虽然表面上好了，但是留下了严重的后遗症，叫创伤后关节炎。青青是个医生，她经常告诉我一定要减少探险、适量运动、注意保养，要不然年纪大了问题会更严重。我虽然表面上没把她的话当回事，但心里觉得她是对的，她是真的关心我，而且我心里居然也有点儿依赖她、喜欢她了。

抚心人：这样不好吗？

独行侠：我很矛盾，我不知道这种感受到底是怎么回事。当她靠近我的时候，我会觉得她烦，但当我拒绝她的时候，我又怕她真的不理我，所以难免有些心慌。

抚心人：这样内心不会感到很累吗？

独行侠：是的，或许我是真的累了，想好好休息一下。

抚心人：嗯，找一棵小树休息一下？

独行侠：是的，或许青青就是那棵小树，我得靠着她休息一下。

抚心人：那你有没有把这种想法告诉她？

独行侠：没有，我很矛盾。有时候，她对我的关心确实让我感觉很烦。

看来，他还是处在难以自拔的烦乱中。如果我能帮他澄清一下“烦乱”的来源，或许一切问题就能迎刃而解了。

抚心人：你确定你所体验到的烦都是由她的关心引起的吗？

独行侠：我也说不清楚，或许会有错位。

抚心人：错位？你是怎么理解的？

独行侠：我的意思是，我是不是把对前妻、对妈妈的烦转嫁到她身上了？唉！或许我错怪了青青，她对我的喜欢是真心的。

抚心人：你能感觉到她的真心吗?

独行侠：我能感觉到她是真的喜欢我。最初，我曾经怀疑她的溺水是装出来的，但相处时间久了，我觉得她不是一个喜欢装的人。其实，我心里也是喜欢青青的，她年轻漂亮，气质也好，可是我内心又怕女人，真的不想被女人约束着生活。

抚心人：或许你不是怕女人，而是怕女人会像你妈一样，像前妻一样，不尊重你、不理解你、不支持你而已。其实，你内心也是渴望真感情的。

独行侠：是的，人生在世，谁不渴望真感情呢?我相信，每一个男人都渴望有一个女人爱自己，也愿意用真心去爱一个女人。

抚心人：你说得没错！旅途漫漫，谁不渴望一份真感情呢?

独行侠：是的，我现在就像一个穿越沙漠的旅行者，勇敢且孤独，内心渴望有一份真感情。

抚心人：就像穿越沙漠时，旅行者都希望能带着水一样?

独行侠：是的，没有水，人就会渴死。

抚心人：没有真感情的生活就像没有带水的沙漠旅行，内心难免会阵阵担心。不是吗?

我相信这句话是有一定分量的，必将打开他的心结，促进他的领悟。说完之后，我们都沉默了片刻。只见他突然低下头，又猛地抬起头。

独行侠：唉！你不说倒罢了，你这么一说，我突然有一种恍然大悟的感觉。我觉得自己真的就像一个与母亲赌气的小男孩，一生气离家出走了，明明饿得不行，却非要忍着不回家吃饭，简直是死要面子活受罪。

抚心人：这个比喻非常贴切，非常形象！

独行侠：看来，是时候主动与青青联系一下了！她一直等着我呢！

抚心人：是的，应该好好沟通一下，耐心地听她把话说完，没准儿她能帮你消除心中的疑虑。

独行侠：是的，我不能再辜负她了。她关心了我这么长时间，我该给她一个满意的答复了！

抚心人：也给父母一个满意的答复！

独行侠：是的。谢谢老师的指引！

抚心人：不客气。

我刚起身，他也跟着站了起来，原地站住，目光环绕四周，最后停在墙角的巴西木上。

独行侠：老师，你这盆巴西木养得不错。这种花需要经常浇水吗？

抚心人：一周一次吧，有时忘记了，两三周才浇一次。你也养这种花吗？

独行侠：没有，我想养。听说巴西木比较皮实，旱不死，也浇

不死。我想像巴西木一样！

抚心人：不错的想法！

说话间，我们已经到了门口。他转过身，微笑着与我握手道别，转身离去。看着他进了电梯，我才关上门。回到工作室，“孤独”二字已经占据了我的大脑。

孤独是摧毁婚姻的一枚重磅炸弹。没有人生来就想孤独一生，因为那既不符合人类社会的生存法则，又不符合个人身心发展的基本需要，更不符合婚姻幸福的关键逻辑。人是群居动物，生来就需要在与他人的沟通和交往中体现个人的价值，所以孤独并不是最优选项，更不是唯一选项。尤其对男人来说，孤独这枚炸弹随时可能会在心灵深处自爆，所以，必须被拆除才能安全。一般来说，男人的孤独往往都会有难以言说的原因，比如逆反心理严重，感情受过创伤，恋母情结影响，等等。如果这些问题没有处理好，有可能引发当事人产生诸如看破红尘、不理世事、行为极端、语言偏激、认知歪曲等反常行为。当这些反常行为出现时，很少有人会去深刻分析其深层的原因，只会把精力集中在批评和指责当事人方面。殊不知，造成如此现状的“罪魁祸首”并不能认识到问题的根源，而“受害者”本人很难自行领悟。若无人指引，当事人便会困在其中，怎么都跳不出这个死循环。许多人已经接近风烛残年，仍不能自行领悟，从而枉费了一生的精力和心血。真是可惜可怜、可悲可叹呀！

10

被扔在半路上的女人

刚刚过了端午，天气热了起来，街道上的行人早已换上了清凉的夏装。研究中心有了闷热的感觉，如果不开空调，坐一小会儿就会感觉不舒服。等我到了研究中心的时候，苗审严已经把中央空调打开了，整个研究中心的温度很快就降至二十六摄氏度。这是一个能让人体感舒适、身心放松、不易引起烦躁感的温度。梦者在这样的环境里分析梦，会思考得更加深入。

今天的梦者叫日月明，女，四十二岁，大学本科学历，离异，是一名经验丰富的培训机构老师。结婚十六年，她一直与丈夫分居两地，最终因感情不和，协议离婚。离婚后，她独自带着十四岁的儿子。近来，她内心焦虑，睡眠不好，常常为怪梦所困扰。

一切准备妥当，时间也到了，却没有听到敲门声。苗审严看了我一眼，似乎有点儿着急。他正要打电话给梦者时，外面传来敲门声，他三步并作两步走过去开门。我以为梦者到了，但来人称自己只是梦者的表妹小蜜蜂，她表姐在地下车库停车。车库信号不好，约定的时间快到了，表姐让她上来报个到，表姐停好车就上来。

小蜜蜂进门后，一边向前走着，一边好奇地打量着我们，最后目光停在我身上，一脸的怀疑和不屑。

小蜜蜂：是你来解梦吗？

抚心人：是的，你猜得没错。

小蜜蜂：你解梦准不准？比起周公解梦如何？

她看起来很活泼，很自我，率性而行，想到什么就问什么，毫无拘束，把我逗乐了。我笑着把食指放到嘴边，做了一个说悄悄话的样子。

抚心人：我悄悄告诉你，你不能告诉别人，行不？

小蜜蜂：好的，你放心，我一定会保守秘密的，我懂你们这行的规矩。

抚心人：我比周公解梦准，记得要保密哟。

小蜜蜂：是吗？你不会是吹牛吧？

抚心人：不会，我是认真的。

小蜜蜂：认真的？我看你不是在吹牛，就是在逗我玩！还认真的！

抚心人：你对解梦有兴趣吗？

小蜜蜂：没兴趣。我只对血型和星座感兴趣，可准了！你知道

血型和星座吗？你觉得它们科学吗？

抚心人：我没有研究过血型和星座，不能随便评价。

小蜜蜂：你还算严谨，估计你不会相信这些，要不然我表姐不会找你解梦。她一会儿上来，你好好帮帮她，她命不好。

她一口一个解梦，还说表姐命不好，看来她真以为我这里是解梦算命的地方。此刻，我并不想辩解什么，也不想纠正什么，只是顺着她说。好在她不是今天的主角，不然很需要费一番口舌。就在这时，我又一次听到敲门声，应该是主角来了。

日月明：你好，你是抚心人老师？

抚心人：是的。日月明？

日月明：是的。我刚才听见你们在说话，是不是我表妹又乱说话了？

抚心人：没有。我们在探讨专业问题，是不是？

小蜜蜂：是的。

我一边回头看着小蜜蜂，一边笑着对日月明说话。小蜜蜂得意地笑了笑。我指了指工作室门口，示意日月明进去。汪梦谨送来一杯水后，便邀请小蜜蜂进了接待室。日月明坐下来，把一个绿色金边的手提包放在茶几上，顺手端起纸杯里的水，喝了一小口，才开始说话。

日月明：不好意思，前面停车耽搁了一会儿，现在我们直接开始吧。

抚心人：你准备好了吗？

日月明：好了。我今天来就是为了让你帮我分析一个梦，这个梦是我前天晚上做的。我觉得这个梦可能有深意，但我只想通了一点，其他内容不太理解，所以就拿来让老师帮我分析一下。

抚心人：你怎么会突然对这个梦如此在意呢？

日月明：我本来就对梦有兴趣，不仅看了弗洛伊德的《梦的解析》，还看了你写的《释梦：认识未知的自己》和《梦的解析：从释梦到审梦》。我相信梦，就像相信直觉一样，但我不相信血型和星座。我经常分析自己的梦，就是不知道分析得对不对。

抚心人：能先说说这个你觉得有深意的梦吗？

日月明：好的。我梦到我和儿子坐一个朋友的车去什么地方玩。走到半路上，朋友说，“就把你们送到这里吧，离目的地不远了，我还要急着去接人，剩下的路你们自己走吧！”我和儿子下车，发现天阴沉沉的，快要下雨了。我心想：“你这太过分了吧！就不能把我们送到吗？”这时我发现，他的车子往前开了两百米，接了另一个女人和一个三四岁的小孩上车了。虽然我看不清这个女人是谁，但我心里很生气。

我发现周围并没有公交车，也没有出租车，而且四处无人，简直就是荒郊野外。我仔细看，远处有一个村子。我心里知道，穿过这个村子就到目的地了，绕过村子外围太远了，穿过村子比较近。于是，我决定和儿子一起朝着村子的方向走过去，准备穿过村子。

就在这时，有一个人开车从远处过来，快到我们跟前时停了下来。车上的男人摇下车窗玻璃对我说了一大堆话，我只听清了最后一句“我在目的地等你们！”然后，这辆车就开走了。

场景一转，我和儿子正要穿过一户农家。这户农家只有三个人，两位老人和一个孩子。看到我经过他家时，两位老人在旁边微笑着欢迎我们，而那个孩子则用质问的语气对我们说：“谁让你们来我家的？”我赶紧解释说：“我们只是经过，不会待在你们家的！”他并没有听我解释，而是自顾自地说：“我不欢迎你们！”这时，我和儿子快要穿过农户家了，并且能看到我们的目的地。一座非常高大的楼房，还有漂亮的大门。

梦到这里忽然就完了。

这个梦她足足说了五分钟，说长不长，说短也不短。我大概能记住一些要点。从哪里开始分析呢？我想到她之前说自己“想通了一点”。

抚心人：你在报梦之前说你“想通了一点”，那一点是什么呢？

日月明：就是在整个梦里，我的儿子虽然从始至终都在，但没有说一句话，只是跟着我走。有可能这个梦主要是讲我的事情，与他关系不大。我说得没错吧？

抚心人：说得没错！你做的梦，必然表达你内心的所思所想。这个梦究竟是在说你的什么事情呢？

日月明：你这么一问，我脑子里闪现出梦里的一句话：“剩下的路你们自己走吧。”

抚心人：谁曾经对你说过这句话？

日月明：我老公，不，是我前夫。

抚心人：你前夫？

日月明：是的，我已经离婚两年多了。

抚心人：你们因为什么离婚？

日月明：出轨，他外面有人了。

抚心人：能具体说说吗？

日月明：这件事与这个梦有关系吗？

审梦手记

在审梦过程中，审梦师不要轻易对梦者的问题做出直截了当的回答，要学会以问题来应对和引导问题。如果审梦师必须就此事做出肯定的回答，那么一定要找到足够的客观依据，千万不能依靠自己的经验和感觉。因为那样做风险很大。我从不主张审梦师冒这样的险，除非审梦师有力挽狂澜的能力。

抚心人：应该有一定的关系，只是我暂时还不知道其关系具体是什么。

日月明：好吧，那我就说得仔细一点儿吧。我和前夫是大学同学，同级不同院系，毕业后两年左右，我们结婚了。我在一所中学教书，他去了深圳工作。每逢假期，我就去深圳看他。平时，他每个月回来一次，每次待两三天。那个时候，尽管我们分居两地，过得很辛苦，但感觉还挺好的。我知道长期两地分居不是个事，所以就想让他早点儿回来。在我的反复劝告下，五年后，他回来了，在我们当地创办了一家公司，合伙人之一就是他在深圳公司的一个女同事凤。这个人我见过几次面，她是一个很能干的女人，小我前夫四岁。最初的几年，我知道公司发展挺艰难的，我前夫连续三年都没有给家里补贴过家用，家里的花销都由我来负担。

抚心人：三年没有补贴过家用?

日月明：是的，结婚三年，除了给孩子买过一年的奶粉，没有任何其他付出。那个时候，我很理解他，也很支持他。他做的是建筑工程方面的事情，我根本不懂。另外，我的工作也很忙，还要照顾孩子，所以我没有多问过什么。直到孩子上小学五年级的时候，公司效益好了起来，他开始对家里有一些付出了，还买了房子和车子。那几年是我们过得最幸福的时光。可是好景不长，就在孩子上初二那年，他突然告诉我，他要离婚，原因是他喜欢上了合伙人凤，凤已经怀孕三个月了，他必须马上离婚。我听完，整个人瘫坐在地上。

说这些话时，我注意到她的眼泪都快要流下来了。我眼睛朝茶几上的纸巾扫视了一下，还没等我把纸巾推到她跟前，她就快速地抽出两张纸巾，盖在脸上擦了一下。我停顿了片刻，决定先共情，再提问。

抚心人：这一切来得太突然了，谁摊上这样的事情都会很生气的。

日月明：是的，我都快要气死了。

抚心人：你了解那个叫凤的女人吗？

日月明：不太了解，但我知道她已经结婚了，还有个孩子，怎么就突然和我前夫在一起了？我去过他们公司，五个股东我都见过，两个女股东都是有家有室的，从来没有发现任何蛛丝马迹。真是没想到呀！他们居然隐藏得那么深！他几次试图告诉我事情的来龙去脉，我都没有去听。我不想知道其中的缘故，也不想去搞明白。我气坏了，也伤心透了，哭了整整三天，连班都没有上。第四天，我强打精神，和他办理了离婚手续。他自知有错在先，所以把家里的三套房子都给我了，还给了我和孩子一大笔钱。孩子和他没有多少感情，所以就和我一起过。

抚心人：家里人是什么意见？

日月明：我没有告诉家里人。如果告诉了家里人，估计就离不了了！

抚心人：到底是他想离，还是你想离？

日月明：他想离，我更想离。我无法容忍和这样的人过一辈子，他严重地突破了我的底线，是可忍，孰不可忍！

说“是可忍，孰不可忍”的时候，她的语速很慢，表情严肃，语气坚定。显然她是忍无可忍了。

抚心人：理解你的感受！对了，刚才你说他几次试图告诉你事情的来龙去脉，你都没有去听，这是为什么？

日月明：我真的不想知道这一切究竟是怎么发生的，因为知道了一切，我会更加伤心。我更加害怕的是，他苦苦相求，我有可能心软，说不定还会原谅他。那样的话，后半辈子，我会瞧不起自己，更不会幸福，所以我才决定快刀斩乱麻。

此刻，我很能理解她心中的愤怒，也能理解她处理这个问题的方式。她是一个追求完美的人，不容许婚姻中有如此大的一个污点。只是，大人在婚姻的取舍过程中，有时会忽略孩子的感受。这对孩子实在不公平。虽然我这样想，但眼下还没有到讨论孩子的时候，所以我的想法只能先放下来。

抚心人：梦里的那个女人是一个什么样的人，你还记得吗？

日月明：不记得了，但我感觉这个女人就是我前夫的合伙人凤，不会错的。

抚心人：这个女人就是凤？

日月明：我觉得像，因为梦里她带了一个三四岁的孩子。现实中她确实有一个孩子在上幼儿园。这一点梦和现实基本上是一致的。对了，补充一下，凤在一年前离婚了，孩子归凤。我也是在前夫提出离婚后才听他说的，这些和梦中都很相似。还有一点也很关键，现实中，我听说他要和我离婚的时候，非常生气，而梦里我看到这个女人和孩子上车时，我也很生气。两种生气的感觉很接近。现在我要下车了，车上空了，凤和孩子终于可以上车了！呵呵，真是太有讽刺意味了！如果写成小说，应该很有看点吧。

抚心人：听你这么说，那个女人应该就是凤了。如果那个女人是凤，那这个开车的朋友又是谁呢？

日月明：那肯定是我的前夫了。他就是开车把我和儿子扔在半路上的人，我们现在的处境就是“前不着村，后不着店”。

至此，第一段梦境的意思已经很清晰了。她的幸福生活刚刚开始就被前夫以这样一种方式终止，这怎么能不让人生气呢？但分析到这里远远没有完工，还需要继续引导。听到她说“前不着村，后不着店”，我觉得从这里衔接最为恰当。

抚心人：不是说远处还有一个村吗？

日月明：是的，远处是有一个村，可我们离村子还有一段距离，况且附近没有任何交通工具。

抚心人：梦里你们距离村子有多远？

日月明：感觉挺远的，但好像又能看清楚。

抚心人：这个村子能让你联想到什么？

日月明：联想不到什么。我家不住农村，从我爷爷开始就住城里了。我对农村没有印象，虽然有一些老亲戚还在农村，但联系已经很少了。

抚心人：当你和儿子朝村子的方向一起走的时候，那个开着车，在远处停下来的男人是谁？

日月明：在梦里我对他的印象并不深刻，只是觉得他在车里坐着，并没有下来，也没有让我们上车的意思。

抚心人：梦里他停下来对你说那一大堆话有什么目的？

日月明：我不太清楚他到底是什么意思。我还专门想过他说的那句“我在目的地等你们”，但一直搞不清到底是什么意思。

抚心人：那他的做法能让你联想到谁？

日月明：不好意思，老师问我这么多，我感觉自己的脑子都转不动了。你能不能再提示一下？

抚心人：你希望我在哪方面提示你？

日月明：比如，车在这里代表着什么？

抚心人：从你前面的理解中，其实并不难发现，车在这里可能代表着婚姻或情感的空间。你觉得呢？

日月明：是的，车的意思我基本能理解。这么说，这个人就是不想让我进入他情感世界的人，也就是不接纳我的人？

抚心人：你的生活中有这样的人吗？

日月明：我想不起来会是谁。

刚才的提示信息还不够完整，因为我只是从梦者的角度来提示梦者的，而实际上梦里有两个人：梦者和她儿子。所以，增加信息后再提示或许会有效果。

抚心人：应该是不接纳你和你儿子的人吧。

日月明：不接纳我和我儿子的人？

抚心人：是的，因为你和你儿子在路上，如果接你，就得接上你儿子，不是吗？

日月明：是的。你这么一说，我突然想起一个人。哎呀！这件事都过去很久了，你不提醒，我差点儿就忘了，确实有这么一个人。

抚心人：这是一个什么样的人？

日月明：这个人是我离婚两年后相亲时认识的一个人。他叫丰，是我一个朋友介绍的，他妻子几年前因车祸去世，留下一个七岁的儿子，父母七十多岁了。

抚心人：丰这个人怎么样？

日月明：他是一个重情重义的人，他以前和自己的妻子感情很好，很难在妻子去世后立即从感情上接纳另外一个女人。尽管我们那段时间相处得不错，但是他还是不接纳我。

抚心人：这是你的判断还是他自己的解释？

日月明：是我的判断。之前，他给我留下的印象就是这样的。接触的时间长了以后，我才发现，他虽然是一个重情义的人，但同时也是一个做事优柔寡断的人，尤其是在感情上。他不敢立即给我承诺，说让我再等一等。

抚心人：他要你等到什么时候？

日月明：我想，他是要等到妻子过世三周年吧，以前他流露出过这样的意思。可是，我没太在意。我怕让我再等两年，会有变数，我不想耽搁太久。

听她说到“三周年”，我突然想到梦里所说的“我在目的地等你们”这句话，但是我不知道“目的地”与“三周年”之间到底有什么具体的关联。

抚心人：你觉得这个“三周年”与“目的地”之间有什么关联吗？

日月明：我觉得这个“目的地”应该就是指他妻子过世三周年以后，他再和我谈婚姻的事，心里可能会少一些内疚感吧。

抚心人：你确定吗？

日月明：我不确定。我总觉得这只是一个借口，或许他内心的犹豫才是真实的。

抚心人：何以证明？

日月明：他是一个事业单位的普通工作人员，收入不高，除了养活孩子，还要养活两个老人。他的父母都在农村，负担挺重的。所以，他得知我有一个儿子正在上初中时，好像有些犹豫了。我想他一定担心两个男孩将来上学、买房、结婚会给我们带来更重的负担。

抚心人：难道他不知道你家里的情况吗？

日月明：他试探性地问过我，我没有完整地告诉他。我不想让感情被物质左右了。如果他看重的是我手里的几套房子和那一笔钱，我自然是不愿意的。

抚心人：那后来呢？

日月明：后来我们就不怎么联系了。即使偶尔想起来，也只是发个信息，有一句没一句地聊一下，相互问候一下，应付一下而已。

抚心人：你觉得他会等你吗？

日月明：或许吧。但我不抱任何希望，我也不想知道他到底是怎么想的。

她说完后，我居然接不上话了。沉默了片刻之后，我想到了梦的最后一部分，目前还不知道这部分想表达什么意思。但是，当我想到这一部分梦里有一个孩子和两个老人的时候，我隐隐地感觉到，问题的答案或许就隐藏在最后一部分里。

抚心人：他的孩子你接触过吗？

日月明：接触过。他是一个挺懂事的孩子，但对我很排斥。丰的妻子去世后，丰把父母接到城里住，顺便照看儿子。我曾经在他的反复要求下，去过一次他的家。他父母对我还不错，但是他儿子始终没有招呼我一声，对我很冷淡，还不停地制造各种奇怪的响声。

抚心人：那意思是说“我不欢迎你”？

日月明：对！对！对！你这么说，这个梦似乎就通了！嗯！梦里的感觉和现实中的确实挺像。

她的大脑似乎又开始转了，在这一点上领悟得挺快。我觉得可以趁机再提几个问题，以便让她领悟得再深入一些。

抚心人：那你认为丰不能接受你的原因究竟是什么?

日月明：我个人认为，多方面因素吧。一来他怕将来负担太重，自己支撑不起这个家庭；二来感情上不太能接受，妻子的三周年未过；三来孩子不太能接受我，他不想让孩子受委屈。我觉得在这三个因素中，孩子的因素是最关键的，他比我更在乎孩子的感受。我的孩子没有什么意见，他听我的话，他并不操心我找对象的事情，他的心思似乎只放在学习上。

抚心人：嗯，这样最好了。不过，我不太理解，为什么现实中丰的儿子对你说“我不欢迎你”，而在梦里他说的却是“我不欢迎你们”？

日月明：在现实中，我一个人去的他家，梦里是两个人。我觉得这一个“们”字倒不重要，可能是因人数而异吧，关键是不欢迎!

抚心人：应该是这么回事。还有一个问题，为什么你没有去过他农村的老家，而梦里却在他农村的老家?

日月明：我想这可能是因为他父母是农村人，所以就梦到了他们的农村老家。

抚心人：你认为是这样的吗?

日月明：应该就是这样吧，反正我就是这么想的。还有其他什么意思吗?

抚心人：我并不确定，不过你的理解能说服我，不知你自己是

否信服？

日月明：我真是这么想的。这个梦真有意思。老师，我也想问几个问题。为什么我们要穿过他们家呢？穿过他们家要去哪里？我们的目标就是那座高大的楼房吗？为什么是这座大楼？

还没等到我回复“可以”，她就一口气提出这么多问题。一时间我不知道从哪个问题入手。或许她不是想让我立即回答这些问题，而是想让我知道梦的分析还没有结束。这样想，我心里就踏实多了。我还是先听听她的理解，再做决定。

抚心人：这些问题都问得很好。你对这些问题有没有自己的理解？

日月明：这个嘛，我隐隐约约知道一点，但说不好。

抚心人：没关系，你知道多少就说多少。如何？

日月明：好的，我试试看。穿过他们家是不是在说我无意和丰结合？我其实早已看穿了他的顾虑，和他的交往就是走个过场。他虽然是个好人，但并不适合我。我之所以与他交往了一段时间，或许是因为自己太寂寞了。或者说，我其实有自己的想法，我知道自己想去哪里。

抚心人：你想去哪里？

日月明：梦里说我想去一座大楼，这个大楼怎么理解？

抚心人：大楼能让你联想到什么？

日月明：高层住宅、高楼大厦、办公大楼、政府大楼，或者其他什么地方。我说不好。

她的这些联想虽然丰富，却没有让人眼前一亮的内容。或许联想还不到位。这时我突然想用词语联想技术试试，我觉得这个技术或许能带来一些突破。我虽然不确定她是否会配合，但决定尝试一下。

抚心人：这样吧，我们来做个词语联想接龙吧。

日月明：怎么做？

抚心人：很简单，我说一个词，你接一个词。不要多想，听我说完后，你就直接说出来，想到什么就说什么，不要隐瞒。如何？

日月明：这样有什么意义吗？

抚心人：当然有了，不过意义过会儿才能告诉你。可以吗？

日月明：好吧。

抚心人：桌子。

日月明：早餐。是这样吗？

抚心人：对，是这样。继续！农村。

日月明：城市。

抚心人：天空。

日月明：碧草。

抚心人：手机。

日月明：信息。

抚心人：小孩。

日月明：学生。

抚心人：高楼。

日月明：大厦。

抚心人：漂亮。

日月明：校园。

抚心人：天气。

日月明：乌云。

抚心人：汽车。

日月明：不上。

听到她说“不上”的时候，我一时没反应过来，不知道她“不上”什么。不过，我听不懂的地方，可能也是她想停下来的地方。想到这里，我决定先停下来讨论一下。

抚心人：你说的“不上”是什么意思?

日月明：就是我不愿意上车。

抚心人：不愿意上车?

日月明：就是不愿意结婚。

抚心人：嗯，明白了！通过这番联想，由非常高大的楼房和漂亮的大门，你能联想到什么?

日月明：大学校园！

抚心人：大学校园?

日月明：是的。我刚才突然想到的。前面我一直不清楚我到底要带儿子去哪里，刚才突然明白了。

抚心人：明白了什么?

日月明：大学校园里会有漂亮的大门和高大的楼房，所以我当前的目标是希望儿子考上大学，其他事情皆可忽略，包括我的婚姻。

她的语气中透着坚定，好像一切都没那么重要了，好像全世界最重要的事情就是供儿子上大学。不知道这是她的真实目标，还是借供儿子上大学来逃避婚姻。

抚心人：现实中，你是这样想的吗?

日月明：是的，确实是这样想的。我并没有把心思完全放在婚姻上，当前我一心想让孩子好好学习，等将来孩子考上大学，我再做打算。顺便说一下，我儿子学习成绩特别好，一直名列全年级前三。他所在的学校是重点中学。如果一切正常发展，未来他考一所好大学是没有问题的。

抚心人：是的，现在家长都特别看重孩子的学习成绩，你是老师，自然会更加重视。如果孩子将来能考上一所好大学，那也算是“失之东隅，收之桑榆”。不是吗?

日月明：是这个意思，而且这也是我现实中的目标。

至此，我觉得整个梦的关键内容已经基本理解到位了。个别地方还需要再引导梦者思考，如此方能打通所有关键卡点。

抚心人：最后，我觉得还有一个问题值得提一提，为什么第一段梦里说天气阴沉沉的，快要下雨了？一般来说，天气通常在梦里被用来象征情绪或心境。你什么时候的心境和阴沉沉的天气能匹配起来？

日月明：我刚离婚后的那段时间心情很差，就像阴云密布的天气一样，是一种比较抑郁的状态。

听她这么解释，我觉得一切显得合情合理，整个梦的脉络已经非常清晰了。我能想到的问题差不多就这么多了。

抚心人：理解得不错。这个梦到此已经理解得比较透彻了。你还有什么问题吗？

日月明：没有了。我觉得这个梦真有意思呀！

抚心人：是的。梦里经常会有许多让我们意想不到的东西。理解了这些意想不到的东西，我们就会对自己的认识更加深刻一些。你觉得呢？

日月明：是的。感谢梦，感谢老师！最后，老师还有什么需要告诫我的吗？

抚心人：没有了。你理解了这个梦，应该也就明白了自己内心

的想法。如果想法明确，那就按你的想法去做，其他的遵从内心，顺其自然。

日月明：我也正是这个意思。谢谢老师！

抚心人：不用客气。

我正欲起身，发现她并没有立即起身的意思。于是，我又多坐了一会儿。她并没有说话，只是向四周仔细地打量了一番，最后把目光停在窗边的几盆多肉上。

日月明：老师，你的多肉养得不错，我养死过好几盆多肉。

抚心人：谢谢！养多肉要多日晒、少浇水、勤通风。

日月明：好的，记住了。谢谢老师。

说着，她便起身，我也跟着站起来往外走。她嘴里不停地念叨着养多肉的三个要点。就在这时，斜对面房间的门打开了，小蜜蜂从里面走出来。

小蜜蜂：怎么谈上养花了？

日月明：哈哈哈，梦讨论完了，随便说说养多肉的事。

小蜜蜂：老师，你从我姐的梦里能不能看出她今年要走桃花运了？我分析过她的星座，她今年可能没有桃花运，得等到明年了。你分析梦的结果是什么？

日月明：别胡说，你姐都这么惨了，你还老是拿你姐开涮！如果你真的关心我，就少说几句。

小蜜蜂：嘿嘿，知道了！这不是有专家在这里吗！既然已经花了钱，能多问一个问题就多问一个，如果下次来，又要重新计费。我这不是为你省钱吗！

抚心人：如果你哪天有梦也可以过来体验一下。如何？

日月明：我看行，真的有用！你也得好好被分析一下，才能快速成长。

小蜜蜂：算了吧。我手头那点儿钱只够买书，我还是先回去看看书再说。

小蜜蜂话音刚落，就引发一阵大笑。笑声未完全散去，我们已经到了门口。她们两人同时向我挥手道别，我也微笑着挥手。回到房间，我想赶紧把刚才的审梦要点简单地记录一下。就在这时，苗审严进来收拾桌子上的杯子。他告诉我，我和日月明在审梦期间，小蜜蜂没有闲着。她把书架上的书快速地翻了一遍，尤其是把我写的那几本书仔细地翻看了一遍，还问了许多莫名其妙的问题。我听罢，笑了笑，没有作答。苗审严向我发问："老师，如果你爬山爬到一半，路很难走，而且继续向上爬很危险，但风景很好，你还会继续吗？"我盯着他笑了笑，说道："当你能静下心来思考这个问题的时候，自然就会有满意的答案了。"他听罢挠了挠头，尴尬地笑着离开了。

11

我的吝啬鬼爱人

早上开车快到研究中心的时候，前面堵车了，围观的人很多。好不容易碰到一个过路的大爷，我好奇地问了一下才知道：旁边的小区里有一位年轻的女子跳楼了。这时我才注意到在离人群不远的地方停着一辆救护车和一辆警车，前方不到五百米的地方就是市精神卫生中心。我没有停留，叹息着绕道离开了。

当我到达研究中心时，已经九点过五分了，我这才意识到自己迟到了五分钟。见我来了，汪梦谨就匆匆忙忙地拿了一张预约单给我看，上面的信息填写得很简单。梦者叫牵牛星，男，三十一岁，硕士研究生学历，海归，在一家研究所工作，性格温和，心地善良。牵牛星从小家境富裕，却一向低调朴素。我仔细看了他的婚姻栏和自述，全是空白。这让我对他产生了好奇。

工作室的门没有关，我侧头看了一眼，只见牵牛星两只手放在沙发的扶手上，目视前方，好像正在思考什么问题。我走进去，他要站起来。我示意他坐下，直接开始。他的问题很直接，也很特别。

牵牛星：抚心人老师，你好！我想问一下，你分析梦的风格是周公解梦的风格，荣格的风格，还是弗洛伊德的风格？

抚心人：你对这几种风格都有研究？

牵牛星：算不上研究，了解一点儿吧。周公解梦虽然久远古老，但可信度较低，过于唯心，我不太信；荣格的风格，拖泥带水，而且充满了神秘色彩，不好把握；弗洛伊德的释梦倒是挺好，就是容易陷入泛性论的旋涡，而且如果没有深厚的精神分析功底和丰富的实践经验，就容易掉入野蛮分析的陷阱。

他的这番言论让我有些吃惊，显然他是有备而来。这让我对今天的梦有了更多的期待和兴趣。

抚心人：你从什么时候开始对梦的分析感兴趣的？

牵牛星：半年前吧。我看了十多本关于梦的书，包括你的两本书，虽然我觉得你的风格与前面我所说的三种风格都有所不同，但我还是想再确认一下你今天为我分析梦是什么风格。

抚心人：是审梦的风格，更具客观性，更具灵活性，更具实战色彩，与书中的感觉可能会有一些不同。你能接受吗？

牵牛星：我能接受，也很期待！之前我已经有所了解了。接下来我说说我的梦，你帮我好好地“审”一下。这个梦已经困扰我很久了。

抚心人：你做了一个什么样的梦呢？

牵牛星：这是上周的梦，到现在感觉还很清晰。梦到我去一个住宅小区散步，发现小区里有一个游乐场，许多人都围着一个巨大的圆形蹦床在看，有一个人在里面不停地蹦上蹦下。这个蹦床与普通的蹦床不一样，它以地面为分界线，床面可以围绕地平线上下波动，波幅有好几层楼高。床面下面是几十米的深坑，蹦床上的人跳动的时候床面也跟着上下波动，好像那个人的脚和床面是粘在一起的，而且蹦的速度特别快，以至于我根本看不清那个人的样子。旁边有一个人不停地指指点点。我就站在他旁边，觉得他有点儿烦人。大家都在围观，突然一阵惊呼，有人大声喊道："小心！"就在这时，只听见"砰"的一声，床面断裂，撕开一个巨大的口子，那个人掉到深坑里面了。我狠狠地瞪了一眼旁边那个指指点点的人。围观的人发出一阵惊叫，我吓坏了。我就这样醒了。

抚心人：你对自己的梦能理解多少？

牵牛星：我思考了很久，应该有一点儿吧。

抚心人：可以先谈谈吗？

牵牛星：怎么说呢？我也没有什么准确的认识。但我隐隐约约觉得，这个梦可能和一年前发生的一件事情有关。

抚心人：一年前发生了什么事，让你觉得与这个梦有关？

牵牛星：许多事吧。老师，梦里所说的巨型蹦床，你在现实中见过吗？

抚心人：我没见过，甚至在电视上也没见过。

牵牛星：我也没见过，可是为什么梦里会出现这样一个巨型蹦床呢？

抚心人：是呀！潜意识要借蹦床来表达什么意思呢？

牵牛星：会表达什么意思呢？我也不知道呀！

当他说“我也不知道”的时候，我想他是真的不知道。但即使他不知道，我也得让他知道：这个问题很重要。

审梦手记

在审梦过程中，知道问题甚至比直接给出答案更重要。因为直接知道的答案，往往答案并不一定可靠，而知道问题可以一直引发梦者关注和思考，在梦的分析过程中更易促成领悟。

抚心人：做这个梦之前有没有发生与这个梦境内容有关的事情呢？

牵牛星：好像没发生过与蹦床有关的事情。

抚心人：那发生过与梦中所提到的内容有关的事情吗？

牵牛星：我突然想到了一件事情。

他向后倾斜了一下整个身体，慢慢地低下头，眼睛瞬间失去了光泽。我心头一沉，感觉他将要说的事情可能会令我意外。

抚心人：什么事情？

牵牛星：我老婆坠楼了。

抚心人：啊！这究竟是怎么回事？

牵牛星：唉！一年前，四月的第一天，她意外地从二十六楼跳下去了。

抚心人：这到底是怎么回事？

牵牛星：你是要听梗概还是要听详述？

抚心人：你愿意说得详细些吗？

牵牛星：好吧。本来我不想再向任何人提及这件事，没想到你今天又问到了。在我说这件事之前，我只想再问问老师，这件事情与这个梦有关吗？

抚心人：从你的反应来看，应该有关系吧，但究竟关系是什么样的，我还不好说。所以请你说得详细一些，可以吗？

牵牛星：那好，我还是说说吧。其实我也不知道该怎么说，想到哪里说到哪里吧，你可以随时问我。

抚心人：好的。

牵牛星：事情是这样的。四年前，我去一家私立医院看病，认识了在医院工作的我老婆。我当时没有看上她，因为她看起来很土气，穿着也很朴素，甚至还有一些寒酸，长得也不够漂亮。后来在交往中得知她是一所知名大学的海归博士，而且收入很高，是我的五六倍，于是，我对她有点儿心动了，就开始有交往了。经过一段时间的接触，我觉得这个女孩很有礼貌，有教养，懂规矩，知冷暖。我去过她家，她也来过我家，双方父母都没有意见。于是大家就催我们快点儿结婚。想到自己年龄也不小了，我就同意结婚。到我们结婚的那一天为止，我们总共交往了不到三个月时间。婚后，虽然我们的生活没有太多激情，但一切还算平稳，没有什么波折。她什么都挺好，只有一点让我受不了。

抚心人：什么让你受不了？

牵牛星：节约！我觉得还是叫吝啬比较好。

抚心人：为什么这么说？

牵牛星：她的节约已经大大地超过了正常人的水平，和自己的收入完全不协调。

至此，我还判断不出吝啬与坠楼之间的联系，所以还得继续问。我想从具体的细节中看看有没有可以抓住的蛛丝马迹。

抚心人：能不能举一两个例子？

牵牛星：可以。比如，她在家洗澡的时候，会站在一个大塑料盆中间，周围放六个小盆，几乎把所有的洗澡水都接住，用这些水拖地、冲厕所。另外，她洗澡都要规定时间，一般不超过二十分钟。如果换成是我洗澡，她也会给我规定时间，绝对不能超过十分钟。如果超过了时间，她就会关掉热水。记得刚结婚那会儿，有一次，我正在洗澡，热水突然停了。我不知道是什么原因，喊她过来询问。她解释完以后，我非常生气，这才意识到之前她说的“洗澡不准超过十分钟”并没有开玩笑。在我的强烈要求下，她勉强同意帮我打开了热水。我洗完澡后，就和她大吵了一架。她很委屈，还哭了。我从她的哭诉中得知，她从小到大就是这么过来的，她爸爸什么事都给她规定时间。我瞬间焦虑起来，不知道以后会有什么令人无法接受的情况发生。自那次以后，我每次都趁她不在的时候才洗澡。说起来真是笑死人了！

他说“真是笑死人了”的时候，我注意到他一点儿也没有笑，满脸愁容，一筹莫展。我理解他心中的无奈和无助。

抚心人：听起来，她的节约是有点儿过度了。

牵牛星：何止过度，简直和我们的家庭收入严重不匹配。你知道吗？她一个月的工资收入大约是三万元，却舍不得给自己买一身像样的衣服。她的衣服绝大多数都是地摊货，没有一件超过一百元的，仅有的几件好衣服都是我偷偷买给她的。我主要是怕平时她和我一起出去太寒碜，让人笑话。还有，她自己连一支五十元的眉笔都舍不得买。有一次，她在一家化妆品店看上了一支一百元的眉笔，我准备付钱，被她拦住了，她说要考虑一下。结果，犹豫了半个多小时，愣是没买。最后，我们用了一个多小时赶到十公里外的一个城中村，花了十五元买了一支同款的眉笔才算安心。我看一眼就知道，这是假冒的名牌货，可她觉得这样的东西又便宜又好，能满足她的需要。我简直无语了，无法理解她的行为，也不知道她心里到底是怎么想的。

抚心人：是呀，你和她生活了那么久，她到底是怎么想的？

牵牛星：我也搞不清楚，她明明挣的钱不少，可就是舍不得花。

抚心人：那挣的钱都用到哪里了？

牵牛星：都交给她爸了。她每次发了工资后，只给自己留个零头，剩下的都交给她爸存起来或理财，说等我们用的时候，再取出来。反正我不缺钱，所以就没当回事，心里却有些不舒服。

我注意到，一副厌恶的表情赫然出现在他的脸上。这副表情与他的话有些不符。我更倾向于相信他的表情。至此，我依然没法把她的吝啬与坠楼联系起来。听他多次提到“她爸”，我想是时候问问“她爸”了。

抚心人：她爸也这么吝啬吗？

牵牛星：她爸比她更吝啬，从来不会乱花自己的一分钱。这可不是我随便说的。我举几个例子你就明白了。他们家里吃的菜从来不会在早上买，全都是下午天快黑的时候买，甚至有时候不买了，直接捡小摊贩扔的菜。

抚心人：不至于吧？

牵牛星：意外吧？惊到你了吧？我起初的反应也和你一样，但事实证明这一切都是真的。

抚心人：确实有点儿不可思议！

牵牛星：还有更令你不可思议的事情呢！

抚心人：更不可思议的事情？

牵牛星：是的！千真万确！就发生在我身上。我们结婚后的第一个端午节，我去她家看望岳父岳母。早上，她妈买了一些比较贵的蔬菜和肉，要招待我。可是，她爸硬是逼着她妈把肉和菜都退了回去，说昨天家里还有一些剩下的菜没做，完全不用买新的。现在的肉不能随便吃，价格比以前涨了好几倍，还有传染“非洲猪瘟”的风险。起初，我觉得她爸说得有些道理。有菜就行了，肉有风险，不吃也能理解。让我无法接受的是，她爸让她妈把菜和肉退回去，这让我实在没有脸面。她妈不愿意，她爸就发火，大喊大叫，没有办法，她妈就去退了。她妈去了商场后，半天退不了，人家不接受。她爸听说后，亲自去了，和商场的人又吵又闹，最终把东西退了。直到快中午十二点了，他们才从商场回来，饭还没有做。我接了个推销房子的电话，谎称朋友有急事，借机脱身。我老婆听出来了，但她没说什么。她爸听说我要走，也没挽留，还说，“你看，幸亏我让退了，要不然就太浪费了。”她妈气得在家直哭，我老婆在旁边默不作声，真是让人无语。你说这事气不气人？

抚心人：是挺气人的！对了，她父母是做什么工作的？

牵牛星：她妈早年是工人，退休得很早，每个月能拿两千多元退休金。她爸之前是一家事业单位的领导，主管后勤，算是三把手吧。现在他也退休了，每月退休金有七千多元。他现在还在外面打工，每个月有一万多元工资。合起来两万多元了，完全可以过上小康生活。可实际上呢？过得还不如普通的工薪阶层。

抚心人：那钱都花到哪里去了？

牵牛星：都存下了，舍不得花。

抚心人：真是太不可思议了！

牵牛星：我实在受不了了。这父女两人简直是一模一样。她妈妈还好一点儿，但从来不敢多花钱，每一分钱都要经过她爸爸同意才敢花，要不然就会吵架，引起家庭矛盾。

抚心人：你老婆和你岳父的吝啬与这个梦有什么关系？

牵牛星：你先别急，我还没有说完呢，你耐心听！

他抬起手在空中做出一个制止的动作。从他的话语中，我明显能感觉到他内心压抑着愤怒，想在此一吐为快。我打算先听下去。

抚心人：嗯，嗯，嗯，我耐心听，请继续讲。

牵牛星：其实，吝啬也不是什么太严重的问题。经过几年的折磨，我已经基本适应了。真正让我无法忍受的是她生病后她爸爸的反应。

抚心人：她生什么病了？

牵牛星：去年三四月份，不知道怎么回事，她精神上出了点儿问题，连续几周情绪都特别低落，老是说活着没有意思，还经常哭泣，乱发脾气。没过几天，她又突然兴奋得不行，一晚只睡三四个小时，嘴里唠叨个不停，把那些芝麻大的事情翻过来倒过去地说，一会儿唱歌，一会儿跳舞。有时候，她还穿着鞋在床上跳来跳去。

抚心人：穿着鞋在床上跳来跳去？

牵牛星：是的，把床单都踩破了。我让她停下，她不听。

说到这里，他突然沉默了，我也沉默了。工作室里一片安静，隐隐约约地能听到远处汽车的鸣笛声。我看了他一眼，他低下了头。我知道，他一定想到了什么。

抚心人：你刚才想到什么了？

牵牛星：她在床上跳来跳去的样子让我想到了梦里的那个人，那个人也是这样疯狂地跳着。

抚心人：当时她到底是怎么了？

牵牛星：我也不清楚，总觉得她的问题有些严重，于是赶紧联系她爸。她爸说她可能精神上出问题了。第二天一大早，我们一起将她送到市精神卫生中心。精神卫生中心离你们研究中心非常近，我刚才来的时候还路过精神卫生中心的门口。

精神卫生中心确实离研究中心非常近，不到一公里的距离。此时，我无心关注精神卫生中心的位置问题，只想知道她是否得了躁郁症。

抚心人：精神卫生中心的医生怎么说？

牵牛星：医生说她患有严重的躁郁症，需要住院治疗，还要很长一段时间持续服用药物，中间不能间断，并且反复强调，要一直坚持服药才有希望。

抚心人：是的，躁狂症和抑郁症本是两个独立的病，原本各自就挺严重、挺吓人的。如果这两个病混合在一起，就会变成躁郁症，一段时间躁狂，一段时间抑郁，会更加严重，更加复杂，更加难治，其危险性也要更大一些。

牵牛星：是的，医生也这么说，所以才强烈要求她住院治疗。

抚心人：那你们住院了吗？

牵牛星：没有。

抚心人：为什么没有住呢？

牵牛星：她爸不让住，说自己在家里陪着，吃点儿药就能好。医生没有办法，于是开了一些药，基本上都是进口药。我觉得不算贵，但她爸要求医生换成价格最便宜的药。医生听完后非常生气，说明了其中的利害，但还是拗不过她爸，最后只能开了便宜的药。我站在旁边，三次阻止他都没有成功。

审梦手记

躁郁症是严重的精神类疾病，通常完全治愈的概率比较低，自杀概率比较高，病人需要连续服用很长时间的药才有可能彻底治愈。如果服用的药物不好，副作用会非常大，病人常常会因为无法承受药物的副作用而放弃治疗，从而面临更大的风险。

抚心人：他不愿意为她花钱吗？

牵牛星：是的。我问他为什么要这样做。他和我说，二十年前，他的父亲也得过类似的病，当时吃的药是现在二十分之一的价格，病同样治好了。所以，他认为现在医生开的药太贵了，目的是要拿更多的回扣，还强烈要求把之前我已经开好的药也退了。我实在无奈，只能找医生换药。

抚心人：你知道贵的药和便宜的药区别在哪里吗？

牵牛星：听医生说，贵的药主要是进口的，疗效好，副作用小。我本来想买更好的药，但没敢买，怕引起争吵。我想，如果效果不好，再换药也不迟。

抚心人：哎，你爱人是什么意见？

牵牛星：她也糊涂着呢！一会儿同意她爸的意见，一会儿又同意医生的意见，一会儿又说听我的。我也同意医生的意见，我们家真的不缺钱。但是，她爸强烈反对。最后，在她爸的坚持下，我们拿着最便宜的药离开了医院。临走时，医生表示很无奈，只能叮嘱我，说如果病人回家服药后感觉不适，赶紧再来医院，调整药物。

抚心人：真是难以理解他们父女俩的想法和行为！

牵牛星：我老婆就听她爸的，即使她爸错了，或者对自己不利也不敢反对，即使心里不高兴、不同意，也会照着她爸的意思去做。这一点，从小到大都没有改变过，她永远都不会反抗她爸爸。

抚心人：那她心里得多压抑呀！

牵牛星：是的，她平时特别压抑，只有在病情发作的时候才敢表达真实的想法和感受。

抚心人：她病情发作的时候是怎么表达的？

牵牛星：这还得从两年前说起。记得有一次，单位派她去南昌出差，她在酒店里突然发病，她的同事半夜打电话叫我过去。我吓得赶紧连夜坐飞机过去。她的反应特别强烈，不停地骂人，一骂她的前男友，二骂她的单位领导，三骂她的爸爸，骂的话都很难听。我意识到情况不妙，赶紧把她接回家，并立即送她去了医院。医生说她有些躁狂和妄想，开了些药。那次，我没有跟她爸说，开的全是好药。吃了几个月后，躁狂和妄想的症状就消失了。医生说还要再坚持吃一段时间，可是她没有坚持，后来就不了了之了。

抚心人：那是第一次发病吗？

牵牛星：你听我说！我记得很清楚，医生问她此次发病前有没有发作过，她父母都说没有发作过，这是第一次。我不相信，一直逼问，最后他们还是含糊其词。我大概从他们的表情和动作中能看出来，事情绝非如他们所说，他们肯定隐瞒了我老婆结婚前就有精神疾病史。

说到这里，我注意到他很生气，也很无奈，似乎特别后悔当初那么快就同意结婚，自己被表象迷惑，才导致今天这种“哑巴吃黄连，有苦说不出”的局面。我本想再提几个问题，追问婚前的一些事情，但考虑到那些事与梦的关联度比较弱，就暂时放下了。

抚心人：那次吃了药后效果如何？

牵牛星：有些作用。刚吃药的时候还不稳定。从医院回来的第二天，她趁着病劲儿把她爸连续骂了四个小时。责怪她爸对她太苛刻，太抠门，舍不得花钱，处处让她为难，让她尴尬，每次发病都舍不得花钱看病，还跟医生撒谎。说到痛心处，她让她爸当面给她鞠躬道歉，还让我用手机拍下来留证据。我目睹了这一切，心里特别崩溃。虽然后来我老婆的病情稳定了许多，但是我可能被骗的事就像一根刺扎在了心里。这个话我该对谁去说呢？我只能把它压抑在心里。

抚心人：是的，这听起来确实让人难以接受！无论谁摊上这么一堆事儿，心情都会很糟糕的。

牵牛星：是的，我的心情糟糕透了。尤其是做了这个梦之后，我隐隐约约地感觉到，这个梦与我老婆后来的事情可能有关系。你刚才引导我做了一些思考之后，我的感觉更加清晰了。

抚心人：能接着说吗？你爱人没有住院，让医生开了便宜的药，服药后效果怎么样？

牵牛星：服药后效果很不好，虽然情绪看起来比较稳定，但整天头晕眼花，恶心想吐，失眠健忘，视力下降，思维迟钝，反应迟缓，根本无法胜任工作。领导对她的意见很大，批评过她好几次。后来，她实在没有办法工作，就请假了。我准备趁此机会说服她爸，让医生赶紧换药。可是，就在我去见她爸的前一天夜里，她突然大叫，说自己太痛苦了，不想活了，吓得我赶紧起来，各种劝慰。天亮后，我要去上班，把她送到她父母家，准备中午下班再去找她爸。我记得很清楚，那天是周三，单位事情特别多，我一直脱不开身。我在工作间隙和医生约好周五带她去换药。可是，周四那天上午，我接到她爸打来的电话，说她坠楼了。

抚心人：啊！这到底是怎么回事？

牵牛星：我吓坏了，差点儿瘫坐在地上，没顾得上问详情，直接打车回去了。

抚心人：你知道详情吗？

牵牛星：大概知道一些。听她爸说，那天早上，她睡到十点才起床，一起来就哭了一阵子，没吃饭，也没吃药，不停地说自己难受，不想活了。然后她把自己关在屋子里，过了一会儿，突然从屋子里跑出来，趁家人不注意，从阳台的窗户跳下去了。她父母发现时，已经晚了。

他在讲这些话的时候，并没有情绪上的激动，反倒是显出了几分淡然与平静，似乎这件事的影响已经基本消除，现在只是在应对余波而已。

抚心人：没想到事情会发展到这一步！

牵牛星：谁都没想到事情会发展到这种地步！我觉得责任全都在她爸身上！他为了省钱，不顾医生的劝告，不顾女儿的健康和前程，整天对我们的生活指手画脚，最后终于酿成惨剧。要那么多钱有什么用！舍不得花，还不是一堆废纸！

抚心人：你说得有道理！可是一切为时已晚，于事无补了！对了，在梦里，你在围观的时候，有一个人在你旁边不停地指指点点，让你感觉有点儿烦。你觉得这个人可能是谁？

牵牛星：难道这个人就是她爸？

抚心人：你觉得这个人是她爸？

牵牛星：我觉得像，后面我还瞪了他一眼。

抚心人：瞪了他一眼表示什么意思？

牵牛星：在梦里，我有责怪他的意思，好像认为如果没有他在旁边指指点点，可能这一切不会发生。而这与现实完全相符，如果没有她爸在她看病的问题上指手画脚，千方百计地省钱，就不可能发生这样的悲剧！

他突然失去了刚才的淡然与平静，情绪显得格外激动。显然，他内心压抑了许多怒火，无处宣泄。

抚心人：你没有和她爸当面好好谈过吗？

牵牛星：没法谈，他不会听的！我如果和他谈，肯定被他教育一顿，这是规律，几年来一直如此。我已经看清楚了，他一辈子要做的事就两件，一是挣钱，二是省钱。他不会花钱，也不允许家人随便花钱，并且喜欢带领全家人和他一起省钱。

抚心人：那省下来的钱都用到哪里去了？

牵牛星：起初，我以为他会把钱捐给希望工程，资助失学儿童，或者用于其他公益事业。后来，我才明白，他把钱都存在自己名下，这么多年来，应该能存四五百万元吧！他舍不得给任何人花！我问他的时候，他说在关键的时候会花，有钱在手里，心里踏实，可以防止突发情况。去年我们买房子，手头有点儿紧，向他借钱，他借口说钱全存了定期，没到时间，取不出来，一分钱也没有借给我们。依我看，他简直就是当代的守财奴！

抚心人：你这个形容很有意思！

牵牛星：我觉得这个形容真的很准确，很形象！

至此，一切都浮出水面了！吝啬与坠楼的关系清晰明了！不过，还有一个问题尚不清楚。为什么梦里说那个人在蹦床上跳，还一上一下，一会儿高出地面，一会儿低过地面？带着这个疑问，我决定继续引导他。

抚心人：呵呵！是的。对了，你对躁郁症了解多少？

牵牛星：她被医院诊断为躁郁症后，我专门查阅了国内外大量的文献资料。据我了解，躁郁症是躁狂和抑郁交替出现的一种严重的精神疾病。患上此病的人，情绪波动会很大，当幅度超过正常人的情绪波动范围时，病人无法承受巨大的波动，会有生不如死的痛苦体验。许多自杀的人都在情绪处于波峰或波谷附近时出了问题，轻则自残，重则自杀。

抚心人：看来你知道得不少。你还记得梦中说，"这个蹦床与普通的蹦床不一样，它以地面为分界线，床面可以围绕地平线上下波动，波幅有好几层楼高。床面下面是几十米的深坑，蹦床上的人跳动的时候床面也跟着上下波动……"

牵牛星：记得！难道这里在暗示我老婆的情绪就像梦中的蹦床一样，忽高忽低，忽而躁狂，忽而抑郁？

抚心人：你觉得像吗？

牵牛星：太像了！太像了！我算彻底明白了！太奇异了！

抚心人：是呀，梦的构造简直太神奇了。你说呢？

牵牛星：是的！太意想不到了！

牵牛星：老师，我还有一个问题不太明白。

抚心人：什么问题？

牵牛星：既然梦中蹦床上的人是我老婆，为何在梦中却让我感觉是一个陌生人呢？

抚心人：这个问题问得好！这也是我关注的问题。这或许与你们之间的感情有关系？

他听罢，慢慢地点了点头，好像已经明白了其中的来龙去脉。

牵牛星：是的！我明白了！虽然我们朝夕相处了好几年，但我感觉我们之间很陌生。现实中，她一家人遮遮掩掩，可是梦里却明明白白，看来梦是骗不了人的。

抚心人：但如果你不理解梦，就会被梦骗了。你说呢？

牵牛星：是的，我差点儿就被骗了。

抚心人：这个梦境经常出现吗？

牵牛星：是的，反复做过几次。我总感觉很难受，很压抑，不知道该怎么办。

抚心人：你有没有跟别人讲过这件事？

牵牛星：除了我们两家人知道，其他人都不知道实情。

抚心人：实情到底是什么样的？

牵牛星：我也说不清楚。总之，她父母都非常痛苦，痛哭了很久，自责了很久。

梦已经分析得差不多了，梦境之外的事情，梦者没有需求，我也不便多问。我从他的言语中能感觉到他的表达尚未完成，他肯定还有话要说。

抚心人：那这件事之后，他们有改变吗？

牵牛星：基本没有变！依旧节约，省钱永远是她爸在办事过程中的主题。在料理我老婆后事的过程中，他再一次突破了我的底线！这涉及一些特别具体的事情，实在难以启齿，我就不说了。绝对会超出你的想象。

抚心人：哦。基本可以明白！亲朋好友问起来，你们是怎么向他们解释的呢？

牵牛星：就两个字，保密。

抚心人：保密？

牵牛星：她爸是一个爱面子的人。他女儿出事后，他一口咬定女儿是在擦窗户时不小心坠楼的！我是在反复追问下才得知实情的。

抚心人：怎么会这样呢？

牵牛星：我都快被气死了！不过，我确实没有对家人以外的任何人说过此事，尽管我感到非常压抑。

抚心人：是呀，正因为你不方便对外人说，才会感到压抑，进而会有这样的梦。甚至你在梦里都没有直接表达，还要拐弯抹角。你内心的压抑，由此可见一斑。你说呢？

我的话尚未说完，他就双手掩面，失声痛哭。此刻，虽然审梦的时间已经到了，但我什么也不能做，只能静静地等候。大约过了三分钟，他的哭声停了下来，双手从脸上移开。我抽出两张纸巾递给他。他擦干泪水和鼻涕，长长地出了一口气。

牵牛星：谢谢老师。我终于哭出来了，现在感觉好多了，终于有人知道这件事情了，我再也不用死守这个秘密了。

抚心人：是呀，说出来了、哭出来了，心中自然会轻松许多。下一步你打算怎么办？

牵牛星：没事的，还好我们并没有生孩子，我一个人怎么都好办。如果有孩子，情况就更复杂了。这次真的要感谢老师帮我分析这个梦。

抚心人：不用客气！那今天的分析就到这里吧！

牵牛星：好的。谢谢！

送走牵牛星，我的心情突然有点儿沉重，坐在工作室里，没有心思去整理分析要点。我走到了研究中心北边的展览室，从窗户远远地望去，能清晰地看见精神卫生中心的红色标牌。我站在窗户边，驻足良久，思绪翻飞。

婚姻是人生中的一件大事，过去，无论谁结婚都要有媒妁之言，还要遵父母之命。这些虽是老传统、旧思想，但其中不乏道理。现在大家都倡导自由恋爱，甚至还有人宣扬“闪婚”，这本是个人的权利和自由，无可厚非。但想到一些深刻的教训，我不由得想多说几句：虽然自由恋爱与“闪婚”是一种新风尚，极大地尊重了年轻人的意愿，但如果双方缺乏深刻的了解，尤其缺乏心理健康水平的了解，就可能会在无形中置婚姻于一定的风险之中，可能会给家庭和婚姻埋下一颗定时炸弹。当炸弹引爆的时候，无论之前双方的感情有多真挚，海誓山盟有多感人，物质条件有多丰厚，个人条件有多优越，都会在炸弹引爆的瞬间灰飞烟灭，不复存在！

12

隐形人的见闻

昨天晚上，古城下了一场大雨。早上，天气晴朗，空气清新。从研究中心向远处望去，终南山云雾缭绕，近在咫尺，宛如一幅巨型的水墨画，令人心旷神怡。

距离约定审梦的时间还有十分钟，我正要对着这幅巨型的水墨画舒展一下筋骨时，隐约觉得有人进来了，回头一看，只见一个长发及肩、戴着墨镜的女人面带微笑地看着我。

她叫穿心莲，三十三岁，大学毕业后，在一所中学当老师，与老公关系不错，女儿上小学二年级。她对生活并没有多少奢望，喜欢平静的生活，不喜欢竞争，不喜欢攀比，也不喜欢被指责和批评。近来她失眠多梦，想寻求梦的分析，于是直接找过来了。

她比预约的时间早到了十分钟。这种情况虽然很多见，但每次都要认真对待，不然可能会引发不必要的阻抗。

抚心人：你是穿心莲？

穿心莲：是的，之前约好今天来分析梦的。

抚心人：约的是几点？

穿心莲：九点，我早到了十分钟，刚才在门口已经站了两分钟，我看门虚掩着，没敲门就进来了，你不介意吧？

抚心人：不介意。我今天为你分析梦，可以吗？

穿心莲：太好了！我过来就是专门找你的。

抚心人：嗯！你在接待室里稍等片刻，我简单准备一下，一会儿会有人通知你。如何？

穿心莲：好的。

苗审严和汪梦谨匆匆忙忙地一起进来。苗审严一边解释自己迟到的原因，一边快速地打印了一张预约单送过来。我看完预约单，时间刚好到了。汪梦谨非常默契地引导穿心莲进入工作室，并送来一杯温开水。等她落座之后，我便直奔主题。

抚心人：今天要分析一个什么样的梦？

穿心莲：就是昨天我让小张老师转发给你的那个梦，梦有点儿长，所以就提前发你了。你看了吗？

抚心人：你是希望我从昨天开始就分析这个梦吗？

穿心莲：是呀。要不然我现场说出来，如果你分析不了，那岂不是很尴尬？

抚心人：如果我分析不了，这不是还有你吗？

穿心莲：说得也是，梦是我的梦，估计没有我的配合，你也不可能全懂。

这句话虽然略显生硬，但也在理。她的说话风格可能就是这么直截了当，从不拐弯抹角。看来，我也要开门见山才好。

抚心人：说得没错！可以把梦境重新叙述一遍吗？

穿心莲：好吧，我把梦再说一遍。这个梦有点儿奇幻。我受人委托，以一个隐形人的身份暗中观察一个朋友芯芯，然后把我观察到的一切告诉她。我感觉自己就像神仙一样，在空中可以自由飞舞，但芯芯并不知道我在做什么。我看到她高高兴兴地穿上新衣服，到世纪金花超市买了许多礼物，据说要去一个亲戚家参加聚会。

场景一转，芯芯在敲门，开门的人是一个年纪略长一些的女人，她对芯芯的态度不太好，堵在门口，好像不想让芯芯进去。芯芯说："你们一家人聚会，我就不参加了！"放下礼物就要走。这时，从屋子里冲出来一个男人，满脸堆着笑，硬是把芯芯连拉带哄请了进去。

场景又一转，大家都在吃饭，饭桌上有大人，有小孩，还有一个老人头戴皇冠，坐在一把高高的椅子上。男人挨着老人坐着，芯芯挨着男人坐。正在吃饭的时候，老人突然对芯芯说："我给你的孩子把名字起好了，叫承刚！"男人说："这个名字好！"其他人也跟

着说好。芯芯愣住了，反驳道："这个名字不好，就叫小颖好听！"瞬间，席上的人都不吃饭了。老人给男人一个眼色，男人意会，开始批评芯芯，说芯芯拿的礼物已经过期，是农村的地摊货，还说芯芯打扮太土气了，总之就是一个劲地讽刺、挖苦和指责。芯芯非常委屈，哭着离开了饭桌，却没有人追她回来。

我一直站在离芯芯不远的地方。我觉得她丝毫没有觉察到我的存在。可是，芯芯哭着跑出来后，一下子扑到我怀里，委屈地哭个不停，嘴里还不停地说："难道这事怪我吗？又不是我的错！"这时我才意识到，芯芯好像注意到我的存在了，我已经不是一个隐形人了。这时，我忽然惊醒了。

梦就这么多。虽然长了一些，但不是特别复杂，基本上都是生活场景。

抚心人：你能理解多少？

穿心莲：一半多吧。

抚心人：可以先说说吗？

穿心莲：可以。我能清晰地感觉到，这个梦是在讲述我婆婆和她家里人对我的不满。梦中的芯芯应该就是我自己，而那个男人就是我老公，那个年纪偏大的女人就是我大姑姐，那个戴着皇冠的老人就是我婆婆。

抚心人：你这么肯定吗？

穿心莲：我看过你的书，我想这应该就是人物置换吧。

从她的说辞中可以看出来，她确实看过我的书，但理解得还不太深，需要我进一步引导。

抚心人：置换是要有依据的。如果你认为这些人都是置换，那你的依据是什么？

穿心莲：芯芯是我的闺密，我们的关系非常好，我有什么事都会告诉她，她有什么事也都会告诉我。我们还有一个共同特点：都受到了婆婆家的排挤。我觉得这应该就是我们置换的依据吧！

抚心人：是的，很充分。那个男人置换你老公的依据是什么呢？

穿心莲：梦中的男人看起来挺在意我的，但是在受到老人的指使后，这种在意就荡然无存了，变成了对我的无情攻击。这种做法和现实中我老公的表现简直像极了。

抚心人：现实中你老公是怎么表现的？

穿心莲：现实中，我们本来过得挺好的，但是只要我老公去他妈那里，或者他妈来我们这里，之后我们就会吵一架，所为之事都是一些鸡毛蒜皮的小事，想想都让我觉得不值得。这种规律已经非常明显了。

听她的回答，她对置换的把握还是比较到位的。且不说她的分析是否准确，单凭其所提供的置换依据，我觉得有板有眼，实在难得！

抚心人：从你提供的依据来看，梦中的男人置换你老公应该没有问题。你认为梦中的老人置换了你的婆婆，依据是什么呢?

穿心莲：上周，我婆婆过七十岁生日，全家十几个人都来为她庆祝，那场面和梦中聚会的情形很相似。更相似的是，婆婆在饭桌上当着所有人的面问我什么时候生二胎。我说有一个女儿就可以了。老公指责我，说我说话太生硬，没有礼貌。我感觉他偏向他妈，有点儿故意找碴儿的意思。

抚心人：就像梦里在老人的示意下，那个男人批评芯芯一样?

穿心莲：是的。那个男人说芯芯“拿的礼物已经过期，是农村的地摊货”“打扮太土气了”，其实这就是老公在现实中故意找我碴儿的翻版。这让我很不自在，和现实几乎一模一样。这么说吧，每次我婆婆对我有什么不满，我几乎都能从老公这里察觉到。这一点梦里说得更形象。

又是一次精准的领悟！我心中暗自吃惊，她的领悟能力真的不错！关于梦中人物的分析，就剩下大姑姐了，难度相对比较小。我决定继续引导她。

抚心人：如果这几个人物都能确定，那开门的女人就更容易确定了，对吗?

穿心莲：是的，无论从人物关系来讲，还是从那个女人的神态来看，我觉得这个女人就是我大姑姐，这和她平时的表现很一致。

抚心人：她平时的表现是什么样的?

穿心莲：她平时对我不够接纳，总是挑剔、嫌弃、讽刺我，瞧不起我！尤其我生了女儿以后，她的态度就更不好了，因为她生的是男孩，心里多多少少有些优越感，甚至有点儿重男轻女。

抚心人：你大姑姐重男轻女?

穿心莲：是的，她们全家都重男轻女。

抚心人：包括你老公吗?

穿心莲：是的。我老公表面上不说，但是心中一定是这样想的，这一点我早就从他平时的种种表现看出来了。

抚心人：他平时的表现是什么样的?

穿心莲：他对女儿不好，学习和生活一概不管，只会要要嘴皮子，表面上问候一下孩子，具体什么情况从不细问。如果孩子遇到了什么问题，他也不会主动出面解决，一般都是我去解决。孩子现在七岁了，从幼儿园到小学二年级，他没有给孩子开过一次家长会，只去学校接过孩子两三次。他不是很爱女儿，一心只想着再生个二胎，生个儿子，而我不愿生。

她的话音刚落，我本来想接一句“为什么你不愿生”，但在说出口之前，我停顿了一下，觉得这么问太生硬，质问的味道太浓。于是我临时更换了一句。

抚心人：你不愿意生二胎?

穿心莲：是的，虽然国家有政策，我年龄也允许，但是万一再生个女儿怎么办？我哪里有那么多精力去管？

抚心人：不是还有婆婆吗？

穿心莲：婆婆差不多和老公一样，不喜欢女孩。我女儿这些年过生日，从来没有把婆婆请来过一次。她从来没有给女儿发过一次压岁钱，理由是“自己家的孩子给什么压岁钱”；更没有给女儿买过一件衣服，原因是“年纪大了，不知道孩子喜欢什么款式的衣服”。其实，这些事情我都能理解，她天生就是一个小气的人。最让我气愤的是，有一次，老公去外地出差一周，我恰好在医院门诊做了一个小手术，需要卧床休息三天。我想让婆婆过来照顾一下我和孩子。你猜她怎么说？你永远也想不到！

既然她认为我永远想不到，就一定做好了说出来的准备。我要继续引导她。

抚心人：她是怎么说的？

穿心莲：她先说自己身体不好，公公也需要照顾，最后才说了最关键的一句。这句才是你永远也想不到的话：“你答应再给我们家生一个孩子，我就过来照顾你们！”

这番话让我非常震惊，我确实想不到！我注意到，说到这里她已经泪眼婆娑，低头不语。没等我把纸巾推过去，她已经麻利地从自己的包里拿出一包纸巾，抽出一张，轻轻地擦拭着眼角的泪水，同时吸了两下鼻子。接下来是一阵沉默。我也沉默了片刻，然后继续问她。

抚心人：你是怎么回答的？

穿心莲：我没有回答，直接挂了电话，大哭了一场，内心有说不尽的委屈。哭完之后，我立刻打电话给妈妈讲了这个事。我妈立刻订了飞机票，当天晚上就从一千公里以外的老家飞了过来，照顾了我一个星期。这期间，我婆婆没露过面，只打了一个电话过来，象征性地问候了一下。

抚心人：你婆婆的行为确实有点儿让人难以理解。你那几天心里肯定很不舒服。

穿心莲：是的。我期望婆婆能过来和我妈妈聊聊，把话说透，解释清楚，也算面子上过得去。实际上是我想多了！一切并没有如我所愿。

说到这里，我觉得她之前一直没有提及公公，或许是因为在婆媳关系中公公一般没什么戏份。但如果涉及两方亲家的事，公公不可能完全置身事外，不然就有失礼数了。在这里问问公公的情况就显得很有必要且顺理成章了。

审梦手记

梦境分析虽然要遵守梦的编码规则，要以潜意识作为工作对象，但有时候，梦中的情境源自现实，适当地运用现实逻辑来推理梦中的“现实事件”的发生、发展规律也很有必要。

抚心人：那公公呢？

穿心莲：公公是个好人，就是太内向，不太爱说话，家里大事小事基本上都是婆婆说了算。公公的工资卡都掌握在婆婆手里，花一分钱都得经过婆婆同意。公公基本上就是婆婆的小跟班。婆婆以前是厂里的领导，公公只是厂里的一个技术工人。以前公公就是婆婆的手下，在单位唯婆婆马首是瞻，现在在家里更是一切都听命于婆婆，根本插不上话。平时，我公公只专注于养花种草，料理家务，在许多事情上他的态度根本没有人在意，更不会有人去听。我也无力改变这一现状。

抚心人：在生二胎这个问题上，公公是什么态度？

穿心莲：公公也是传统思想，也想让我生二胎，只是没好意思直接跟我说。

抚心人：他对你女儿的态度怎么样？

穿心莲：一般般，也没有什么特别的爱表现出来。公公主要看婆婆脸色行事。这一点全家人都知道，也没有人跟他计较。

她说起公公的时候，总给人一种轻描淡写的感觉，即使公公做得不好，她好像也不生气，完全表现出一副“此人可以忽略”的样子。公公在家里的地位果真如此吗？我想从他对亲家的接待方式上应该能看出端倪吧。

抚心人：你妈妈来照顾你的这些日子，你公公也没有露面吗？

穿心莲：没有，连电话都没有打。应该是不好意思吧！我对他们失望极了。

抚心人：你老公知道这件事吗？

穿心莲：当时我没有告诉他，但是他回来后我告诉他了。

抚心人：他怎么说？

穿心莲：他也说他父母做得有点儿过分了。差不多从这次事情之后，我老公对他父母的态度有所转变，对我的关心多了一些。但是，他只是在背后说几句，从来不敢在他妈面前说什么。他特别怕他妈妈，从小就怕，和他爸基本上不怎么说话，一般有什么大小事都是先和他妈说。我感觉他爸爸和妈妈的角色完全颠倒过来了。我老公夹在中间很不自在，但也无可奈何，只能被动适应。

抚心人：这样看起来，你过得真是不容易呀！

穿心莲：还好吧！我女儿很懂事，很争气。她学习很好，每次都是班里前几名。这是我心中最大的安慰。虽然女儿优秀，但她爷爷奶奶没有夸过一句，有时甚至还会说几句风凉话："小时候学习好并不能说明什么问题，关键要看将来上初中和高中。"听了这些话，我心里很生气，很想当面质问他们，但又觉得挺没意思的，不想再计较了。我别无选择，只能压抑了。

抚心人：为什么说只能压抑了？

穿心莲：我父母从小教育我要尊重老人，孝敬老人。我自从嫁到他们家以后，从来没有当面顶撞过他们。但我心里很生气，很委屈，很多次都是从睡梦中哭醒的。

抚心人：看到你从睡梦中哭醒，老公是什么反应？

穿心莲：他会安慰我，也会背后怪他父母。但是他这个人没主见，只要我婆婆和他说上几句话，他立马就像变了一个人似的。

前面，她的倾诉很多，看起来基本上没有直接谈梦，但实际上她并没有脱离梦。为了能够在她刚才所谈的内容与梦之间建立更为直接的关联，我一直在暗中寻找合适的机会。直到她说到"只要我婆婆和他说上几句话，他立马就像变了一个人似的"时，我觉得机会来了。

抚心人：就像在梦里一样，老人一使眼色，他就像受人控制了一样，不停地批评你？

穿心莲：是的，我觉得你说他"像受人控制了一样"，这种说法很恰当，很形象。我记得他以前当着我的面说过，虽然孩子是女人生的，但是生男生女都是由男人决定的，所以生了个女儿这事并不怪我。而且他还说过，女儿懂事、听话、上进，他觉得挺好的。我也是受他这些话的影响，才愿意和他过下去，才愿意忍气吞声，忍受他妈妈的过分行为，要不然早就和他离婚了。谁知道他只要去他妈那里，回来说话的语气就变了，成天说他们家三代单传，不能到他这里断了香火。

抚心人："他们家三代单传，不能到他这里断了香火。"这是你老公说的？

穿心莲：是的，原话应该是他妈说的。

抚心人：你是怎么回应的？

穿心莲：我说他思想封建，观念落后，不像一个受过高等教育的人。只要教育好了，男女都一样，没有教育好，生了男孩一样让你断香火。

抚心人：他是不是听了这些话之后又恢复正常了？

穿心莲：呵呵呵，是的。他就是这么一个缺乏主见的人，容易受人影响，就像皮球一样在我和他妈之间滚来滚去，停不下来。

当她这么说的时候，我突然觉得她并不是家里最委屈的人，她老公才是。不过，此刻坐在我面前讨论梦的是她，我只能围绕她的梦和她来展开分析讨论。

抚心人：看到他这个样子，你内心是什么感受？

穿心莲：我很委屈。我觉得这些事他应该能独立想通，居然还让我来安慰他。他才是男人呀！还得让我一个女人来安慰他，完了再安慰自己，真是让我受够了。

抚心人：如果你只照顾自己会怎么样？

穿心莲：那我肯定感觉会好一些，可是，可是……

抚心人：可是什么？

穿心莲：可是我根本做不到，我总想着一家人就应该好好相处。因为我从小就生活在一个和睦友善的家庭，我已经习惯和身边的人都和睦相处。如果做不到这一点，我就感觉很难受，总想安慰别人，甚至有时候顾不上自己的感受。

本来此处我想问的是“这样做让你有什么感受”，但我临时决定把它改成：“这样做让你感觉很委屈吗？”因为前面她已经提到过委屈这种情绪感受了，我这里再问，虽然略显直接，但并不突然，也不算我的主观投射。

抚心人：这样做让你感觉很委屈吗？

穿心莲：是的，我经常从梦中哭醒，心里很委屈。

抚心人：你感觉生男生女这事不怪你，又不是你的错，是吗？

穿心莲：是的，我是这样想的。

抚心人：你有没有注意到，梦里芯芯也是这样想的？

穿心莲：是的，我才意识到这一点。我现在更加确信芯芯就是我自己了。

抚心人：那芯芯扑到你怀里的意思应该好理解了吧？

穿心莲：是的，那应该就是自我安慰的意思吧。

抚心人：你经常受委屈后自我安慰吗？

穿心莲：还能有谁会安慰我？还会有谁能让我感到安慰？自己的眼泪掉下来，难道还要等别人擦吗？

说着，她又有些哽咽，眼泪都快要掉下来了，却强忍着没有哭出来。

抚心人：既然自己的眼泪掉下来，自己可以擦，为什么还要控制自己的委屈呢？

我的话音刚落，她的眼泪就像决堤的大坝一样，一涌而出，她失声大哭，前后大约持续了三分钟，才停止哭泣。她擦干眼泪，眼巴巴地盯着我。

穿心莲：老师，不好意思！我有点儿失态了。

抚心人：没事，你需要这样的情绪表达。现在你有什么感觉？

穿心莲：现在我感觉轻松了许多。

抚心人：如果以后有这样的感受，你还愿意表达吗？

穿心莲：我想表达出来会更好一些。不瞒你说，我那次在医院做手术是因为乳腺增生，医生说让我保持心情愉快，不要生气，不要压抑，要学会合理表达，不然以后乳腺会还出问题。医生的话我牢记在心，我决定对自己好一些。

听到她这么说，我觉得这个梦的关键环节都已经分析完了，不知道她能理解多少。我决定试探一下。

抚心人：你对这个梦现在能理解多少？

穿心莲：其实这个梦我本身就能理解许多。刚才讲了这么多，又宣泄了情绪，现在我内心有一种情绪释放之后的轻松感，还有一种被人理解之后的踏实感。这种被理解不是一般朋友之间的劝导和安慰，而是一种掉到枯井里很久之后突然被人看到的感觉，一种快要重重地跌倒时突然被接住的感觉。你懂我说的意思吗？

抚心人：懂！每一个内心痛苦的人都渴望被看到，也需要被看到！每一个快要跌倒的人都渴望被接住，也需要被接住！每一个内心委屈的人都渴望被倾听，也需要被倾听！你就是这样的人，不是吗？

穿心莲：是的，老师说得很通透，很有深度，很能打动我，我完全接受。谢谢老师的理解和接纳。最后，我还有两个小问题，如果老师能帮我解答一下，我的感觉就会更好了。

抚心人：是什么样的问题呢？

穿心莲：一共有两个问题，我先说第一个吧。为什么那个戴皇冠的老人说她给孩子的名字都起好了，叫“承刚”？这个名字我从来没有听过，身边也没有人叫这个名字。还有，我说这个名字不好，叫“小颖”好听。“小颖”这个名字我也没听过呀，也没人叫这个名字。这怎么理解呢？

面对这个突如其来的问题，我不能立即做出解释，也不知道从何说起。思考了片刻后，我决定从自由联想入手。

抚心人：“承刚”和“小颖”这两个名字分别能让你联想到什么？

穿心莲：我想不起来什么，就是两个名字而已。

抚心人：什么样的人会叫的名字？

穿心莲：应该是两个小孩子吧。

抚心人：什么样的小孩子呢？

穿心莲：噢！我好像明白了！应该是一个男孩，一个女孩，“承刚”应该是男孩的名字，“小颖”应该是女孩的名字。

她的这个领悟是我没有想到的，这个联想的结果令她很兴奋。这一点从她突然睁大的眼睛和瞬间凝固的表情就可以看出来。

抚心人：这下子，你应该明白老人和你的对话是什么意思了吧？

穿心莲：差不多明白了。

抚心人：什么意思？

穿心莲：我婆婆想让我再生个男孩，我不愿意，我觉得女孩也挺好的。

抚心人：这个问题你理解得非常好。第二个问题呢？

穿心莲：对，还有第二个问题。梦一开始说的隐形人是怎么回事？

这个问题一开始我就注意到了，但一直没有涉及，主要是因为梦者的兴趣点起初并不在那里。现在梦者既然已经关注到这个问题了，那我责无旁贷。

抚心人：你有自己的理解吗？

穿心莲：不好说，我只知道朋友芯芯就是我自己，但不知道为什么我要以隐形人的形式出现。

抚心人：以隐形人的形式出现会让你有什么样的体验？

穿心莲：就感觉这些事情都是别人的，与我无关。看起来，我不需要那么委屈和难受。

抚心人：或许这就是你以隐形人的形式出现的根本原因。你觉得呢？

穿心莲：我刚才说这个问题的时候，也有这样的感觉，你这么一问，我就更加肯定了。如果这么说的话，家里人也都是以陌生的面目出现，而不是以家人本来的面目出现，就是为了让整件事情看起来更像是别人家的事，与我无关。这样我就不至于太焦虑、太伤心。

抚心人：是的。不过潜意识的这种手法只能骗过你的初步判断，却经不起我们深度推敲。你说呢？

穿心莲：是的，经不起我们的讨论和推敲。老师，关于隐形人我已经谈了自己的理解。我觉得你的理解要比我的深刻，我很想听你说说你的理解。

本来审梦到这个程度就可以了，但梦者意愿强烈，我只能冒着出错的风险，谈谈自己在掌握了许多信息之后的综合理解和判断了。

抚心人：那好吧。从你刚才提供的信息和理解来看，隐形人的出现应该有三个意义：第一，隐形人可能表明你内心深处不愿意真诚地去面对老公及家人，这或许与他们不能接纳你有关；第二，隐形人表明你的人格中有理性的一部分存在，它能让你从复杂的家庭关系中暂时抽离出来，审视自己的生活，从而避免受过多的伤害；第三，隐形人可能承载了你经常隐藏起来的那一部分感受，这种感受有理性，也有委屈和压抑。总的来说，这个隐形人的存在，可能会导致你的感受被屏蔽，从而很难体验到自己内心真实的感受。你觉得呢？

穿心莲：是的，现在的我只是每天都感觉在忙碌，好像忙碌就是我的全部生活。实际上不但没忙出个名堂来，还忽略了自己内心的感受，可能是太忙了，抽不出时间吧。

抚心人：时间就像海绵里的水，挤一挤总会有的，关键是心要静下来。你说呢？

穿心莲：看来我得找个时间好好和老公谈谈了，毕竟后面的日子还长着呢。

抚心人：你做好准备了吗？

穿心莲：做好了，是时候好好谈谈了。今天真的要谢谢老师了，有你在场，我突然发现理解梦时自己自信了许多。

抚心人：不用客气，你本来就是一个领悟能力很强的人。

她长出了一口气，坐在沙发上，并不急于起身，也没有说话，而是陷入沉默中，目光慢慢地移到窗外。我跟随她的目光，向窗外看去。片刻之后，她的目光又回到眼前。

穿心莲：老师，我好奇地问一下，是不是每一个人来到你这里之后都会像我一样释然？

抚心人：也不尽然！如果梦者足够信任我，愿意敞开心扉，并且悟性较好，理解梦的主动性也比较强，会更容易领悟，更容易体验到释然的感觉。

穿心莲：谢谢老师！

抚心人：不客气。那我们今天的分析就到这里吧！

穿心莲：好的。真的很感谢！

抚心人：真的不用客气！

时间已到。说完，我便慢慢地站起身。她随着我站了起来，向前走了半步，回头看了一眼自己坐过的位置，然后低头抚平沙发。送她离开后，我回来坐在自己的座位上，心头涌上一阵感慨。

这个梦并不复杂，其背后的事情也不离奇，却值得深思。生活中，人们常常重视现实而忽视梦境，却万万没想到梦境中的那个自己才是最真实的，只有理解了梦境，才能认清自己，因为梦中会隐藏我们的真实动机和想法。审梦师若能充分调动梦者的积极性，便有可能帮助梦者看到梦境背后的故事，若能坚持陪伴和启发梦者持续深入地思考，便能赋予梦者探索的勇气和力量。

我站起来，向窗外望去，终南山上白云翻腾，变幻莫测，犹如一幅动态的水墨画。只不过，如此美景只有站在远处的人才可以欣赏，而山中之人很难看到。

13

冷漠的男人

早上，我刚走到研究中心大门口，就听见里面传来汪梦谨的声音：“今天几号了？”苗审严漫不经心地说：“不知道呀！”我没多想，就闯了进来，只见苗审严在拖地，汪梦谨在开窗户。汪梦谨正准备和我打招呼，突然手机上传来一个声音：“支付宝到账七十七元。”汪梦谨尴尬地笑了笑，径直走开。苗审严见状立马吐了一下舌头。瞬间，我想到了之前为他们分析过的短梦，内心一阵感慨：他们的保密工作做得还不够好，到底还是露出了马脚！我能说什么呢？只能默默地祝福他们了。

我还没有顾得上多想，就听见敲门声。应该是海之星到了。我已经看过她的资料了，她三十二岁，有一个女儿，在一家私营企业工作，性格外向而思想保守，心地善良但控制欲强，相貌普通说话却字正腔圆，衣着大方又不失时尚，与周围朋友、同事的关系都处得不错，但与老公的关系非常紧张。近来夜里，她经常会做一些莫名其妙的梦，让自己百思不得其解。

见汪梦谨快步走过去开门，我就先进了工作室。汪梦谨很快便带着海之星进来了。苗审严随后端上一杯温水，悄悄地冲我做了一个鬼脸。我起身示意海之星落座。

抚心人：我们开始吧！

海之星：好的，老师！第一次来你们这里，感觉还挺紧张的。

抚心人：呵呵，是什么让你感到紧张了？

海之星：我也不知道。呃，我可以站起来四处看看吗？

抚心人：你恐高吗？

海之星：呵呵，我不恐高。说真的，我还从来没有站在这么高的楼上向四周看过。这里视野真是开阔，全城尽收眼底，还可以眺望终南山，感觉真好。我很好奇，是不是在这里接受梦的分析，更容易梦想成真？哈哈哈……

她站了起来，走到窗边，背对着我，一边向窗外看去，一边说笑着。我觉得她有点儿放松了。

抚心人：那你的梦想是什么？

海之星：有一个幸福的小家庭，做一个普通人。这就是我的梦想。

抚心人：目前，这个梦想成真了吗？

海之星：梦想成真？呵呵，那是奢望，我可不敢想，只要不

“梦断楼兰”就好。

抚心人：“梦断楼兰”？什么意思？

海之星：没什么，还是先说说我的梦吧。

说到这里，她突然把目光从远处收回来，转过身子，回到沙发上。本来我还想多问几个问题，再切入梦境，看她急切地想分析梦，我只好先把自己的想法放下。

抚心人：好的！你做了一个什么样的梦？

海之星：梦是这样子的。我开车和老公一起出行，他坐在副驾驶上玩手机。究竟要去哪里，我们都不知道，只感觉车子在飞奔。我提议休息一下，他不同意，想自己开车，让我坐在副驾驶上，说这样可以节约时间。我心想，去哪里都不知道，节约时间有意义吗？还不如先去服务区休息一下，好好商量一下到底去哪里，再出发。于是我就把车开到了服务区，停在了一大块空地上。

天气阴沉沉的，好像快要下雨了。我们俩都从车上下来了，背对着背生气，谁也不理谁。僵持了一会儿之后，我哭着一个人回到车上，打开车门时，突然发现爸爸妈妈在车上，怀里还抱着我们的孩子。我赶紧擦干眼泪。爸爸妈妈劝我要包容一些，说我老公从小就很善良，也没有坏心眼，品行端正。这时，我从车子前窗三角区看出去，发现一个穿着暴露的女人走到他面前，搔首弄姿。他色眯眯地看着那个女人，好像准备要动手动脚。于是，我立即开门下去，

拿起一瓶纯净水就扔了过去，大吼一声："不要脸！"老公吓了一跳，那个女人赶紧走开。我回到车上，看了看爸爸妈妈，说："这下打脸了吧！"爸爸二话没说，出去劈头盖脸地把老公骂了一顿。这时，我突然觉得他挺可怜的。

场景突然一转，好像老公开了一辆和我的车一模一样的车，车上就他一个人，我们一路并行。我公公婆婆坐在后面，没有任何反应，而我却大吃一惊，心里非常生气。然后我就醒了。梦就这么多。

抚心人：这个梦是什么时候做的？

海之星：前天晚上，大概天快亮的时候做的。

抚心人：你对这个梦理解多少？

海之星：我自己大概知道一些。我觉得这个梦与老公和我之间的关系有关。

审梦手记

对于那些看起来直白、比较简单的梦，梦者通常都能理解很多。这样的梦被编码机制加工的程度比较低，与现实中的事情关系比较密切。分析这样的梦，审梦师通常应该把重点集中在与梦境相关的事情上。

抚心人：你和你老公的关系怎么了？

海之星：我们最近快过不下去了，一直在吵架，在这个梦里，我们依然在吵架。

抚心人：你们因何事争吵？

海之星：在梦中好像为了开车去哪儿的问题，还有就是因为他在我面前调戏那个女人。

抚心人：现实中有这样的事吗？

海之星：现实中我们并没有为去哪里而吵过架，他也没有当着我的面调戏过哪个女人，但他确实私下与一个女人有过来往。我知道这事后非常生气，不知道我们后面的日子怎么过下去。

抚心人：现实中，这个女人是怎么回事，能详细说说吗？

海之星：嗯，那天晚上，他在洗澡，手机放在衣服兜里。出于好奇，我打开了他的手机，密码是我的生日，这是我要求他设定的。让我没想到的是，我刚打开微信，就收到一条信息："亲爱的，在吗？"我仔细一看，前后的对话语气暧昧，有"宝贝""乖乖""心肝儿"之类的词语，我觉得他有问题。他从浴室出来后，我大声质问他："这是什么情况？"他没有回答我，拿起手机删除信息，骂了我一顿，说我不信任他，偷看他的隐私。

抚心人：你当时是什么感觉？

海之星：我很生气，心都快要碎了。他居然背着我与其他女人这样说话，我不敢想下去。当天晚上，我们大吵了一架。

抚心人：吵的结果呢？

海之星：吵完之后，他就到另一个房间睡觉去了，只剩下我和孩子。我几乎哭了一整夜，孩子被吓坏了。

抚心人：那天晚上，你一定很难过吧。

海之星：是的，感觉那天晚上很长！我几乎一夜没有合眼，翻来覆去想了很多事情。

从目前的情况来看，她并没有掌握确凿的信息，仅凭几条信息推测而已。虽然女人的直觉经常是准确的，但毕竟那只是直觉，不是证据。梦中的那个女人是否就是现实中的那个女人，目前还不能完全确定，还需要继续追问。

抚心人：梦里的那个女人，你能记得她的样子吗？

海之星：记不清了，很模糊，只知道她穿着很暴露，有故意引诱我老公的意思。会不会梦里的那个女人就是与我老公微信聊天的女人？

抚心人：你觉得像吗？

海之星：我觉得很有可能！

抚心人：她们之间有相似之处吗？

海之星：有呀！都是半路上出现的，而且都对我老公有引诱的意思。我看过他们的对话，现实中的那个女人也有主动勾引我老公的意思。比如，她在信息里对我老公说过："我经常晚上很无聊，想找个人聊聊天！""我现在很无趣，能视频一下吗？"

抚心人：那现实中他们之间的关系你清楚吗？

海之星：清楚！其实也没什么！我们都平静下来之后，他解释过，说那个女人是用微信摇一摇摇到的。他还让我看了微信上这个人的来源信息，确实是一个根本不认识的陌生人，而且远在千里之外，似乎真的没有什么问题。可是我并不这样认为，如果他们聊多了，关系肯定就会近一些，他和我的关系就会远一些。他还说，和一个陌生女人聊天，自己没有顾忌，没有压力，想说什么就说什么，可以减压。我想想大概就是这样吧，因为以前我也用社交软件与一些陌生男人聊过天，所以我并不是特别在意他聊天。

她似乎语速慢了下来，情绪也没那么激动了。看样子，她老公的解释她相信了。既然这件事都解释清楚了，还会做这个梦，想必她真正在意的并不是这件事。

抚心人：那你心里真正在意的是什么呢？

海之星：我真正在意的是，为什么他能对一个陌生女人百般温柔，却整天对自己的妻子横眉冷对？平时，我对他关怀备至，而他偏偏对此视而不见，还经常指责我、嫌弃我、冷落我。

抚心人：那你认为这背后真正的原因是什么？

海之星：我总觉得原因应该与这个梦有关系。

抚心人：你觉得答案会隐藏在这个梦里？

海之星：我也说不清楚，但我觉得梦里还隐藏着一些更加重要的信息。

抚心人：你认为会隐藏什么样的深意呢？

海之星：我说不好，或许隐藏着我们关系的未来走向，或者如何处理好我们关系之类的提示。

看来她并不是一个普通的梦者，主动性强、领悟力强，不会对梦的理解浅尝辄止。我还得继续努力才行。既然梦中涉及她老公，我觉得了解一下她老公很有必要。

抚心人：你老公是一个什么样的人？

海之星：他这个人很善良，很聪明，做事情很认真，但是对家庭缺乏责任感，还特别喜欢玩手机，让人接受不了。

抚心人：他喜欢玩手机吗？

海之星：何止喜欢，简直是离不开手机！上厕所、做饭、坐车、看电视、看孩子的时候都要玩手机，平均每三到五分钟就要看一下手机，心根本静不下来。有时候连跟我说话都没有心思，只是随便应付一下，说得最多的就是“好”“还行”“你定”“随便”“就这样吧”，让我很抓狂。

抚心人：你知道他在手机上一般会玩什么吗？

海之星：主要是玩游戏、聊天、刷朋友圈、看小视频、看电影。有时候我们俩一起出门，他甚至顾不上和我说话，就知道戴上耳机，一个劲地玩手机，那个感觉和梦中他在车上的表现一模一样。

抚心人：你们家平时出门，谁开车？

海之星：他开。我有驾照，但从来不敢上路。

现实中她并不开车，梦中却在开车，而现实中开车的老公在梦中却坐在副驾驶的位置上，老公在梦里一直在争夺驾驶车的权利，冲突由此而起。这表明老公在家庭中可能处在被动的位置，而海之星才是婚姻和感情的掌握者，或许这才是两人矛盾产生的根源。不过，这只是我个人的理解，她的理解是什么，目前还不清楚。

抚心人：梦里说你开车，他坐在副驾驶位置上。这意味着什么呢?

海之星：关于这一点，我也搞不清楚。不过，在现实中，关于开车的问题，他说我心理素质不好，遇事容易慌乱，情绪不稳定，紧急情况下处置不灵活，开车风险太大，所以他一直不让我开。有他开车，我就没把开车当回事，就听他的话了。

显然，她并没有理解深层的意思，只是停留在对开车这个问题的探讨上。看来，我得继续耐心地引导她。

抚心人：平时，你都听他的话吗?

海之星：不是，我只是在开车这件事情上听他的。家里其他大大小小的事，比如买车、买房、换工作、买衣服、生孩子，这些基本上都听我的。有时候他不情愿，但最后还是听了。

抚心人：他就没有坚持过自己的想法吗?

海之星：当然有过。不过，他的想法基本上都不成熟。他这个人就不成熟，思考不深入，想法简单，没有长远目光，做事只顾眼前。我每次都能把他说服，然后他会按照我的意思办。我举个例子吧。有一次，他看上一件衬衣，人家店里搞活动，说买两件可以优惠一百元，他就直接要了两件颜色一样的。我告诉他，这两件衣服一样，穿几天就腻了，两件衬衣颜色不同，换着穿，有新鲜感，还能穿得长一些。那个服务员也说我说得有道理，最后他就选择了两件不同的衣服。他每次都这样，啥事情都缺少计划，完全凭个人喜好办事。我说过他几次之后，现在好多了。

她在说这些话的时候，语速很快，不容反驳，语气坚决果断，霸气十足。我听着都能感觉到她的强势。我想，她老公必然也会感到不舒服，即便表面上不争执，心里也会不服气。

抚心人：他真的会心服口服吗?

海之星：要说心服口服，肯定不完全是。因为他一直都在对抗我，试图从我这里争取他认为本该属于他自己的权利。

抚心人：就像在梦中他一直想自己开车一样吗?

海之星：是的，梦中他在车上的表现就和平时在生活中的表现一样。为这类事情，我们吵过很多次。

抚心人：吵的结果呢?

海之星：只要一吵架，他就会不理我，冷落我和娃。有时候连续好多天不和我说话，只顾着自己玩手机、打游戏。这就是人们常说的冷暴力，我算是真真切切地感受到了。

抚心人：那你怎么办呢？

海之星：我只能一个人生闷气。有时候气得我直哭，把孩子都吓哭了，他也不管。面对这种情况，我没有办法。

说到这里，她脸色一沉，双手一摊，显得特别无力、无助、无奈，眼泪都快要流出来了。

抚心人：没有人可以求助吗？

海之星：向谁求助呢？我父母在外地，离我太远，跟前又没有什么好朋友。最后，我只能向公公婆婆求助。我和公公婆婆处得还不错，他们经常帮助我。我能感觉到他们拿我当女儿看，对我很包容，很有耐心，也很支持。

抚心人：他们会客观地看待你们的吵架吗？

海之星：我公公婆婆一般都会偏向我，会批评我老公。这也是我舍不得这个家的一个重要原因。如果不考虑他们的因素，我可能早就离婚了。我爸妈就我一个女儿，我从小也是家里娇惯着长大的，我没有那么多时间和耐心等着他成长，等着他改变。

她的言语中第一次提到了离婚，而且态度比较坚决。我得把她从思考离婚的事情上引到解决矛盾的思路上，这才是上策。

抚心人：你们以前吵架时，公公婆婆经常会参与进来吗？

海之星：自从有了孩子，公公婆婆一直替我们看孩子，和我们住在一起。只要我们吵架，他们就会听到，就会干涉。公公婆婆劝我，说我老公从小就是个懂事听话、品德端正的孩子，唯一的缺点就是贪玩。

抚心人：梦中你父母好像也是这么说的。

海之星：是呀！难道梦里的爸爸妈妈代表了公公婆婆？

抚心人：你觉得他们可以相互替换吗？

海之星：应该可以。平时，我称公公婆婆为爸妈，而且他们也把我当女儿，一直在帮我们看孩子。我父母远在外地，没有时间帮我们。我觉得梦中的爸爸妈妈就是公公婆婆，应该不会错的。

公公婆婆与爸爸妈妈之间的置换，这种可能性很大，但还需要确定的是公公婆婆对她老公与陌生女人聊天的事是否表现出与梦中爸爸妈妈一致的态度。如果能确定，才能最终敲定置换关系。不过，她既然如此肯定，我就权当她的理解是对的。如果我找到了足够的证据，再与她讨论此事也不晚。

抚心人：你应该是对的。现实中，你有没有把老公和陌生女人之间发暧昧信息的事告诉公公婆婆？

海之星：没有详细说，只是提了一嘴。

抚心人：那公公婆婆是怎么说的？

海之星：公公严厉地教训过老公，婆婆也骂过老公，为此我老公和公公婆婆一个多月不说话。

抚心人：那后来呢？

海之星：后来，他们先后三四次找我老公谈话，每次都很长时间。老公好像认错了，并表示以后会好好过日子，不会再随便和陌生女人聊天了。

虽然不知道他们找她老公谈了些什么，但从最后的结果来看，老公还是做出了让步和改变。或许这只是表面现象，其内心究竟发生了什么改变，不好由此判断。

抚心人：那他现在的表现怎么样？

海之星：不再和陌生女人聊天了，这一点倒是改了。可是，可是……

抚心人：可是什么？

海之星：可是，这件事情之后，好像我们的关系发生了很大的变化。

抚心人：发生了什么变化？

海之星：好像从这件事情之后，我们之间陌生了许多，每天在一起都很客气，就像陌生人一样。我能感觉到老公内心的那种孤独和无助。他其实挺好的，平时不抽烟、不喝酒、不打麻将、不乱花钱，就是爱玩手机、爱打游戏，认识了一群贪玩的朋友。我想帮他改掉这些毛病，可是，三年以来，他没有丝毫改变，而且把原来我们谈恋爱时积累的感情也搞没了。老师，你说我怎么就把日子过成这个样子了！问题究竟出在哪里了？是不是我也有问题？

至此，我可以完全肯定，关于梦中的爸爸妈妈置换公公婆婆的理解，她是完全正确的。此外，我还发现，她不再一味地怪罪老公，开始自我反思，言语间流露出积极的信号。一个巴掌拍不响，婚姻出问题，通常都不是一个人的问题。

抚心人：如果你也有问题的话，那问题应该是什么呢？

海之星：我想改变他，想把他变成我想要的样子，改掉他身上所有我不喜欢的缺点。

抚心人：这种想法是从什么时候开始的？

海之星：生完孩子半年之后吧。我们认识不到三个月就结婚了。可能因为那个时候我们都刚刚失恋，都急于摆脱失恋的痛苦，所以很快就走到了一起。

抚心人：结婚后你们的感情怎么样？

海之星：结婚后一年半左右，也就是在孩子出生之前，我们的感情还不错，有那种结婚后才谈恋爱的感觉，我觉得自己挺幸福的。可是孩子出生后，情况就变了。他迷恋上了网络游戏，经常半夜两点才睡觉，让人无法忍受。起初我以为他只是沉迷一段时间，后来发现他打游戏上瘾了，一玩就是四五个小时，整个人纹丝不动。看着他的游戏瘾越来越重，我就想帮他改变一下，可是他很不配合，总嫌我烦。

抚心人：他有没有解释他这么喜欢打游戏的原因？

海之星：他解释说，游戏他随时可以不打，主要原因是我曾经伤过他的心，他不想和我说话，不想理我，就想一个人待着，因为太无聊所以才打游戏。

她的这些话里最引起我关注的是“我曾经伤过他的心”这一句。我觉得这句话值得探究。

抚心人：你曾经做过什么样的事令他伤心了？

海之星：其实也没什么事。在怀孕四个月左右的时候，有一天晚上，我感到难受，想让他陪我聊会儿天。他嘴上说马上就来，却一直不来，只顾着打游戏。我三番五次地叫他，他依然不理我，还边打游戏边喊叫着、拍打着桌子。我很生气，就从背后走过去打了他一耳光，还砸了他的电脑。我公公婆婆都在，他们没说话。我老公也没有过激的反应，只是恶狠狠地瞪了我一眼。之后，虽然表面上我们的关系依然挺好，但实际上他可能已经恨透了我。我能清楚地感觉到，我们的关系从那件事情之后就有了巨大的转折。

抚心人：之后，你没有和他好好谈谈吗？

海之星：孩子出生前我们谈过，但没谈出什么名堂。我还专门给他道了歉，他表面上说没什么，可实际上并非如此。孩子出生后，他对我冷淡如冰。我坐月子的时候整个人都抑郁了，幸亏有双方家长帮忙调节，还请了心理咨询师帮助，我才回归正常。

审梦手记

研究表明，产后抑郁虽然主要与个体激素水平的高低有密切关系，但心理因素也不可低估。心理因素可以直接影响激素分泌的水平。一般来讲，产妇经常会感到力不从心、非常无助，如果家人照顾得比较周全，心情愉快，饮食比较恰当，激素分泌水平便能很快调整过来，否则就容易伤心、愤怒、失望、无助、绝望，激素分泌水平必然会受到影响，进而导致产后抑郁。一言以蔽之，产后抑郁的心理本质是产妇内心的失望和无助。

抚心人：你觉得他这是怎么回事?

海之星：我起初以为他是在纠结我摔电脑和打了他一耳光的事，我道歉后，他却说并不是因为这件事。后来经过反复交谈我才明白，根本原因是长期以来我过于强势，控制欲太强，情绪不稳定，爱发火。他受不了我，可能已经从心底厌恶我了，而那件事只是导火索。

抚心人：你情绪不稳定，我刚才已经有所了解，关于你的强势和控制欲，平时是怎么体现的?

海之星：比如，我如果有什么想法，就一定会想方设法实现。当然，如果这个想法中涉及老公，我就会尽全力让他配合，而他常常不配合。

显然，她并不想就她身上的问题具体展开来讲，或许这会引起她的尴尬和焦虑。因此，我打算先把注意力集中在她老公身上，再找机会细谈她身上的问题。

抚心人：他为什么会不配合呢?

海之星：他觉得我的想法并不成熟，他有自己的想法和打算，并希望我能尊重他。可能我经常不顾及他的感受吧。

抚心人：能举一个例子吗?

海之星：比如，去年“双十二”，天气比较冷，我想带全家出去吃一顿火锅，热热闹闹，一家人边吃边聊，多惬意呀。可是，我叫他的时候，他说现在火锅底料用的油质量太差，吃的都是地沟油，菜也洗不干净，为了健康，还是别去了；如果要吃火锅，就在家里自己做清水火锅，既省钱，又干净。

抚心人：你觉得他说得有道理吗?

海之星：道理是有一些。其实，做清水火锅并不是不行，我们以前也做过，感觉不错。但是，无论在家里做什么火锅，他都从来不动手，只要在家里做饭，不是我上手，就是我公公婆婆上手，他经常连孩子都不看，就知道打游戏。我想让老人休息一下，吃顿安宁饭。他连这样的小事都不配合我，让我很生气。

听起来，他们俩的观点都挺靠谱，一时间，我分辨不出到底是谁更有理，于是决定再多了解一些。

抚心人：除了吃火锅这件事情，在其他事情上呢?

海之星：他平时基本上都是这个样子，干干脆脆配合的情况很少。我现在后悔谈恋爱时间太短，对他了解太少。早知道他是这样的人，我就不找他了。

抚心人：你对他说过这些话吗?

海之星：我记得很清楚，结婚以来，我先后说过三次，怀孕的时候说过一次，坐月子的时候说过一次，前不久又说过一次。

抚心人：他分别是怎么回应的?

海之星：前两次他都没有说话，第三次，也就是前几天，我刚说完，他当即表示他也挺后悔的，但是现在有了孩子，为了孩子我们还得一起凑合着过，不然，对孩子很不好，对家庭也不好，大家面子上也挂不住。他还说，我们虽然都在婚姻中，但是可以有自己的独立生活，不必被一张结婚证绑住了手脚。如果觉得这样还不行，也可以离婚，但还要住在一起，为了父母，为了孩子，为了面子。

抚心人：你当时是什么反应?

海之星：我大吃一惊，简直不敢相信这一切！肺都快要气炸了！就像在梦的最后，当我看到他单独开了一辆与我的车一模一样的车时，也大吃了一惊一样，非常生气！

我没想到她能这么说。这本是我要说的话，她却主动与梦境相关联。我想，如果她公公婆婆知道了，也会大吃一惊的。

抚心人：你公公婆婆知道他的这个想法吗？

海之星：不知道。如果他们知道了，肯定会打死他的。公公以前当过政府领导，婆婆也是传统的读书人，都是很要面子的人，绝对不会接受这种有名无实的婚姻。

抚心人：你公公婆婆打过他吗？

海之星：我听婆婆说，小时候，我老公不听话，经常挨打。尤其是青春期，他几乎每周都要挨他爸爸打。他曾经试图还手，都被他爸爸制服了。

抚心人：看来，你老公小时候过得挺不容易的！

海之星：是的。不过，我也比他强不到哪里去。

这句话显然有引导我去关注她的意思，我不能轻易放过。

抚心人：你小时候过得怎么样？

海之星：我小时候，父母倒是不怎么打我，但是对我管教得非常严格，无论什么事都要征求父母的同意，尤其是我妈妈。我妈是家里的老大，我爸也得听她的。她要是不高兴了，全家都别想安宁。

抚心人：她会经常不高兴吗？

海之星：是的，她情绪不稳定，经常不高兴。小时候，我放学回家，首先做的事情就是看看她的脸色。如果她脸色好，是微笑的，我就会感觉轻松很多；如果她不高兴，我立马就会紧张起来，连高声说话都不敢。不过，现在我妈比以前好多了。

抚心人：现在，如果你在自己的小家里不高兴了，会怎么样？

听我这么问，她先是一愣，然后回过神来看着我，嘴里支吾了几声，才开始说话。

海之星：这个……我还没想过。不过，我也觉察到了，我确实有点儿像我妈，如果我不高兴，家里的气氛就会立马变糟糕。而且我经常情绪不稳定。我老公曾经说过，全家人唯我马首是瞻。如果我高兴，一家人就会轻松；如果我吊着脸，家里的气氛就会变得很紧张，连我公公婆婆也会受影响。

抚心人：你想想看，一个曾经被父母制服过的老公遇到一个强势的、总想掌控全局且情绪不稳定的老婆，你觉得他会有什么样的感受呢？

海之星：嗯，他肯定会感到愤怒且压抑，还可能会把过去指向父母的不满表达在我身上。如果我不能承受，再一次与他较真，他就会受不了，可能会逃跑。

抚心人：说得没错。如果你老公总是压抑着愤怒，总是想逃跑，你会怎么样呢？

海之星：我肯定会抓狂、痛苦！可是我也没有办法呀！难不成我要选择离婚吗？

抚心人：你想离婚吗？

海之星：当然不想离婚，我不想让亲朋好友看笑话！我一心想把婚姻经营好，可是不知怎么就把婚姻搞成这个样子了。

抚心人：你期望的婚姻是什么样子的？

海之星：我希望老公能对我好一些，下班后能和我一起做饭，晚上能陪我一起散步，一起看电视，平时一起教育孩子，一起孝敬老人，一起游山玩水，一起慢慢变老……就像歌曲里唱的那样。

抚心人：你的愿望挺好，我听着都羡慕。不过，你还得了解一下老公的愿望，然后一起讨论，制定出你们双方都能接受的方案，再一起努力去实现。要不然，他怎么可能会不顾自己的愿望而去配合你呢？

海之星：你说得也是。我以前经常会忽略他的愿望和感受。我现在意识到了，我会改的。不过，我希望他能配合。

抚心人：假如他暂时没有改，你也要坚持改，你不能把他的配合变成你愿意改变的前提。你只管自己变就是了，你变了，他自然也会跟着变，只不过他可能会晚一点儿改变。或许他得先看看你是真变还是假变，你的改变是否还有条件。你如果准备无条件改变，就要耐心地等待他的改变。切记，在这个过程中，沟通、包容、忍让很重要，千万别让坏情绪左右了你。好吗?

海之星：好的，老师！看来我是时候先行动起来了！正好今天是情人节，我回去好好梳理梳理，晚上就和他心平气和地沟通一下。听你刚才这么分析，我现在对我们的关系有了一些信心。

抚心人：说得没错！今天是一个很好的契机，是得好好沟通一下。你们还年轻，只要两人都想把日子过好，就没有解决不了的问题。你说呢?

海之星：是的。谢谢老师的鼓励，你的话对我很有触动！感谢老师!

抚心人：不客气!

说完，她干脆地从沙发上站起来，喝完杯子里的水后，就径直朝外面走出去，刚走了几步，又回头扫视了一下房间，笑了笑，发了一句感叹："这真是一个神奇的地方！"然后转身离开。本来我还想回应一句："所谓的神奇感受只是缘于突然的领悟而已。"但话还没有到嘴边，她已经出门了。于是，我原封不动地把话咽了回去。看她走得那么坚决，我想她一定找到了努力的方向。我正要回到工作室整理分析要点，汪梦谨快步走到我跟前，她正要开口说话，敲门声响了。汪梦谨忙打开门，还是海之星。她红着脸尴尬地说："不好意思！光顾着想自己的事了，忘记付费了！"汪梦谨尴尬地笑了笑说："没事的。"

其实，很多女人都像海之星一样，她们对生活的要求并不高——靠自己的努力过上幸福的生活，仅此而已。但是，她们不一定明白幸福婚姻的经营要诀是什么。在我看来，幸福的婚姻往往都是夫妻双方你迁就我，我包容你，你尊重我，我理解你，你让我一尺，我敬你一丈，今天我听你的，明天你听我的，你配合我的想法，我成就你的愿望，你改掉你的缺点，我改掉我的毛病。怎么可能完全由一个人单方面掌控一切呢？幸福的婚姻是双方的良好互动使然，而不是单独一方忍让的结果。悟透这番道理，才不至于陷入泥潭，难以挣脱。

14

沙洲上的孤鸿（一）

早上，天气晴朗，阳光明媚。我卡着时间到理想大厦楼下，正准备把车停在地面的停车场上，忽然一辆红色轿车挡住了我的去路，半天不能把车停在车位上。开车的是个女士，我担心耽搁时间太久，于是主动帮她指挥。本想两分钟就停好了，可是她的操作实在太生疏了，折腾了五分钟才把车停好。我快速地停好车，匆匆抄近路上楼去了。到了研究中心，汪梦谨把一切都已经收拾妥当，就等着开始了。我看了看表，预约的时间已经过了两分钟，仍然不见梦者来。汪梦谨快速地给梦者打了通电话，这时门外有手机铃声响起，紧接着听到清脆的敲门声。

梦者已经到门口了。打开门一看，只见一个身材高挑、身着连衣裙的女性站在门口。她叫一沙鸥，二十八岁，北京某知名大学毕业后，去法国留学并拿到硕士学位，回国后应聘到一家上市公司做企业策划，现任某企业策划部总监助理。她做事认真，为人谦和，待人接物落落大方，工作成绩很突出，是领导心目中的好员工，也是同事工作中的好伙伴。本该是进入谈婚论嫁的年龄了，但她对此事缄口不言，即使父母反复催促，她也没有任何行动。这到底是怎么回事呢？就连她自己也说不清楚。最近做的一个梦让她隐隐约约地感觉到可能其中暗藏“玄机”，有必要分析一下。

一沙鸥：你是？

抚心人：我是抚心人，你是？

一沙鸥：刚才是你帮我指挥的车！不会吧，真是太巧了！刚才还没来得及谢谢你，你就走了！没想到在这里又见面了。

抚心人：你就是刚才的女司机？

一沙鸥：是呀，让你见笑了。今天真是巧上加巧呀！

确实挺巧的，没想到她就是来找我分析梦的人！可是另外一巧是怎么回事，我就不得而知了。

抚心人：今天确实是挺巧的，不过你说巧上加巧，那另一巧从何谈起？

一沙鸥：是这样的。上周末我去书店闲逛，无意中看到一本关于审梦的书，出于好奇，我打开书翻了一下，被扉页上的两句词吸引住了。在好奇心的驱使下，我按照提示，扫了封底的二维码，没想到居然联系上你了。原来以为，我离书的作者很遥远，现在才发现，我和作者只隔了一个二维码。

抚心人：哈哈哈，谢谢你的好奇心。试问词中的哪两句吸引到你了？

一沙鸥：最后两句："梦里乾坤怎预知，审罢心头阔。"我已经很久没有"心头阔"的感觉了，所以今天前来"受审"，呵呵呵……

抚心人：是什么让你的心头不阔了？

一沙鸥：就是因为一个梦。自从做了这个梦，我就很纠结，不知道这个梦有何寓意。

说话间，我们已经走进工作室，慢慢地坐了下来。在我看来，引导梦者进入审梦的正题，开门见山往往是下策，上策便是从闲谈中巧妙地切入正题。

抚心人：这是一个什么样的梦呢？

一沙鸥：这个梦是这样子的。我梦到和一个朋友开车去旅游，一路上，景色秀丽，风景宜人。我们走走停停，拍照合影，玩得很开心。就在这个时候，我一个人悄悄地走开，闭上眼睛暗暗地祈祷，这次旅游千万不要出什么意外。然而，当我睁开眼睛的时候，突然狂风大作，电闪雷鸣，刹那间大雨倾盆而下。我们赶紧抱着头往车那边跑。当我们艰难地回到停车的地方时，却找不到车了；当我侧头看我的朋友时，发现他也不见了，于是我很着急。

场景一转，暴风雨停了，我发现自己漂到一个孤岛上。岛上荒无人烟。我拿出手机想打电话，发现没有信号。我害怕极了。我一边走一边想着找个地方休息一下，一连找了好几个地方，都觉得不安全。突然，我看到岛上有一个破败的院落，门口放着一辆报废的汽车。我走近仔细一看，车上还有两具骷髅。我吓了一跳，没细看，又往前走，四下无路。这时，我脑子里冒出一句“拣尽寒枝不肯栖，寂寞沙洲冷”。

场景又一转，我到了孤岛的边缘，前面是一片大海，借着月色，我看见远处有灯光，再次拿出手机，依然没有信号。于是，我在黑暗中伤心地哭了，目光慢慢地转向大海深处。

我醒来的时候依然在哭泣。

分析这个梦有很多地方可以入手，比如哭泣的感受、废弃的汽车或没有信号的手机，但我没有从这些地方入手。因为在听完她的讲述之后，我产生了新的疑问：她过着什么样的生活，让她产生这样的心理状态？

抚心人：你现在的生活是什么样子的？

一沙鸥：我的生活状态不太好。我是一家公司的策划部总监助理。平时工作比较忙，生活节奏很快，周一到周五，早五晚九是常态，周末经常补班两天。一个月出差三四次很正常，每年出国一两回也不意外。大家都说我人漂亮、能力强、品质好、有前途，可是我并没有开心的感觉。平时在单位还好一点儿，如果我一个人在家里，感觉会更差。

抚心人：从什么时候开始感觉自己开心不起来？

一沙鸥：大约是在半年前吧。

抚心人：半年前发生过什么重要的事情吗？

一沙鸥：如果说重要，那就是我和男朋友分手这件事。

当她提到男朋友时，我瞬间想到了梦中天气、汽车以及手机的典型象征，同时做出初步推断，梦中所提到的“朋友”有可能就是现实中的男朋友。

抚心人：就是梦中的朋友吗？

一沙鸥：梦里的那个朋友，我感觉很模糊，看不清他的样子。你刚才这么一问，我突然觉得那个人应该就是我男朋友。因为我们在一起时幸福的感觉很真实，梦中的描述基本上就是我们之前的状态，分手只是后来的事。

抚心人：你和男朋友因为什么分手？

一沙鸥：因为我太爱他了。

抚心人：因为你太爱他了？

一沙鸥：是的。

审梦手记

面对简单回答，没有经验的审梦师常常会不自觉地陷入自己的猜测和想象中。如果没有足够的依据，任何主观的猜测都是没有意义的，对推动审梦的进程没有丝毫帮助。当出现这种情况时，只需要一个简单的开放式提问，便可有所斩获。

抚心人：能说得更详细一些吗？

一沙鸥：我和男朋友是招聘时认识的。他在公司的人力资源部工作，主要负责招聘新员工。我入职前，经常有事情需要和他在网上沟通。他在谈工作之余，会额外地说几句关心我的话。这让我很温暖。于是，我们慢慢地熟悉了。我正式进入公司后，和我交往最多的异性就是他，许多人都以为我们之前就认识。不久，我们确立了恋爱关系。他是我喜欢的那种类型，阳光帅气，开朗沉稳，很浪漫，很温暖。他喜欢旅游，喜欢爬山，喜欢在河边一个人散步。这些爱好与我出奇的一致。这也是我们关系发展非常快的一个重要原因。

抚心人：之前，你们的关系一直都非常好吗？

一沙鸥：整体上还可以，偶尔也会吵架。

抚心人：你们一般因为什么事吵架？

一沙鸥：基本上都是因为他嫌我管他太多。其实我是在关心他，却被他曲解成管他。他总是嫌我太啰唆，事儿太多。

抚心人：你怎么关心他，会被他曲解成啰唆、事儿多？

一沙鸥：比如，提醒他天冷要多加些衣服，人多时不要抽烟，冬天有雾霾要戴口罩，每个月的工资要做好规划等，其实都是一些生活琐事。可是，他好像经常表现得很烦躁，我无法接受。

抚心人：从你的角度来讲，你是在关心他，可是从他的角度来讲，他从中感受到的不一定就是关心。

一沙鸥：我给他的是关心，他如果感受到的不是关心，那又是什么呢？

她说完之后便专注地看着我。她可能觉得问题已经提出，只等我的回答。可是，我不能直接回答她。因为如果我直接回答，就是在表达我的猜测。现在，我急需发出一个问题，而不是答案。

抚心人：你关心他的时候，他通常会有什么反应？

一沙鸥：他说，我就像他妈一样，他要找的是个女朋友，不是一个妈妈。

抚心人：那你怎么理解他的话？

一沙鸥：我觉得他虽然烦我，但在内心已经把我当成了他的家人。

抚心人：那万一他和家人关系不好呢？

一沙鸥：这个我倒没细想过。不过，你说得很对，他的确和他妈妈关系不太好，他很嫌弃他妈妈。具体原因我不知道。平时，他和他妈妈通电话的时候，我能感受到他和他妈妈的关系是真的不好，他对他妈妈很不耐烦，而他妈妈好像总是在讨好他。

显然，她男朋友和妈妈的关系模式，与她和男朋友的关系模式非常相似。不知道她是否已经有所觉察。为了促进她的领悟，我还需要设计一个关联式的提问。

抚心人：现实中，你讨好男朋友吗?

一沙鸥：感觉好像有一点儿吧。我们相识时，我感觉自己像在做梦，不敢相信这是事实，过了好长一段时间，我才回过神来。他很优秀，单位里追求他的女性挺多，可是他都不在意。在我们交往的一年多时间里，我一直有一种感觉，我可能会留不住他，他随时有可能喜欢上别人。所以，我选择了加倍地对他好，给他做饭、洗衣服，帮助他整理家务，为他买他心爱的衣服、手表、笔记本和手机。我想，我这么好，他怎么舍得离开我?

抚心人：你对他这么好，那结果如何?

一沙鸥：结果，结果还好吧。他也很心疼我，还说自己已经很幸福，很满足了，从来没有一个女人对他这么好。我当时坚信自己所做的是对的。

抚心人：那后来你们是因为什么分手的?

一沙鸥：工作变动。

抚心人：工作变动？

审梦手记

面对如此简短的结论性回答，审梦师最好的回应就是重复。用疑问的语气重复一下梦者的原话，既不包含审梦师的主观色彩，还能引起梦者的针对性思考，关键的时候用一下，往往会起到四两拨千斤的奇效。

一沙鸥：是的，去年年底，我们公司因为业务收缩，需要裁员五分之一。我因为有留学的经历，没有进入裁员的名单，可以继续留在总部工作。他因为是名校的研究生，也没有被裁掉，却被下派到一个省公司当总经理助理。虽然我们都没有失业，职务上还有所提升，但我们的关系因此终结了。

抚心人：这是怎么回事？

一沙鸥：他在单位宣布任命的第三天向我提出了分手。

抚心人：理由是什么？

一沙鸥：他说的理由很多，听起来也很合理，但我印象最深刻的只有一句话，“你对我太好了，我不配享受你的爱。”

抚心人：这句话听起来意味深长，你是怎么理解的？

一沙鸥：其实，我一直都不理解这句话的意思。刚才我突然想到过去他给我讲过的一件事，似乎是有些意味深长的感觉。

抚心人：什么事情?

一沙鸥：他幼时的经历。他说自己虽然外表阳光，内心却非常自卑。他上小学一年级的时候，妈妈和单位的一个领导私奔，去了国外，多年都没有回家。无奈之下，爸爸给他找了一个后妈。后妈人长得挺漂亮，能力也挺强，就是情绪不稳定，脾气非常暴躁。在一起生活的几年里，他吃了不少苦头。五年级的时候，爸爸和后妈终因价值观不同、无法和睦相处而离婚，后来爸爸没有再娶。在他小学六年级下学期的时候，妈妈被单位领导狠心抛弃，在外漂了一段时间之后，她孤苦伶仃，无依无靠，终于回来了，又想和他爸爸复婚。起初爸爸并不同意，在众位亲人的反复劝说下，爸爸同意了复婚。从此，妈妈对他特别好，可是他从来都不领情。他似乎心里在恨妈妈，不能原谅妈妈。

抚心人：男朋友的童年过得真是不容易呀!

一沙鸥：是呀，我之前也没有想到他会有这么坎坷的经历。

抚心人：现在，你能理解“你对我太好了，我不配享受你的爱”这句话是什么意思吗?

一沙鸥：差不多能理解了吧！他的童年是不幸福的，那段痛苦经历使他无法像正常孩子一样享受父母的爱。

审梦手记

如果一个孩子在成长中没有充分享受过家庭的温暖，他就会常常难以安心地享受父母的爱。而一个没有安心地享受过父母之爱的人，即使他面前出现了一份真挚的感情，也常常会有一种不适感。

抚心人：所以他对妈妈一直怀恨在心，对妈妈很不耐烦，很嫌弃妈妈？

一沙鸥：是的。他曾经说过，他恨妈妈，也爱妈妈，这种矛盾的感觉一直存在于他的内心，无法平衡，无法排解。在刚遇见我的时候，他对我特别好，我对他也很好，以至于他好像在内心经常会把我当成妈妈。

抚心人：现实中有什么表现吗？

一沙鸥：有很多吧。有时候他看起来就像一个孩子，经常让我给他洗衣服、做饭、拖地，甚至还会在我面前撒娇。起初，我没觉得什么，只是我不知道他内心深处的需要是什么。

抚心人：你觉得他内心深处需要的是什么？

一沙鸥：我也不知道，总觉得他哪里出了问题。

她疑惑地看着我，好像希望我能给出一个解释。可是，我没法给出一个精确的解释。我想，她是当事人，或许她比我更清楚问题到底出在哪里。

抚心人：他哪里出了问题?

一沙鸥：我也不知道。在我们刚交往的时候，感觉特别好，但是交往时间长了，关系深了，我就明显地感觉到，我对他越好，他就越折磨我，有时候对我不耐烦，有时候骂我，甚至有时候还故意冷落我、疏远我。这一切我都掩饰得非常好，别人根本无法看到，他也特别会掩饰。所以，在大家看来，我们就是天生的一对。可是，只有我们自己知道，我们之间已经出了严重的问题。这让我无法接受，难以面对，而他似乎也力不从心，无力解决。正在我们关系僵持的时候，单位开始裁员，他被分派到一个省公司。我觉得这只是一个理由，真正的原因可能……可能是……

抚心人：可能是什么?

一沙鸥：可能他在内心把我当成了他的妈妈，所以就把对妈妈的恨转移到我身上了。然而，我真正的身份只是他的女朋友，需要他把全部的爱给我，而他又做不到全身心地爱我。当这种爱与恨的矛盾感受无法统一起来的时候，他没有选择解决这个问题，而是选择了逃跑。

抚心人：这是你个人的理解?

一沙鸥：算是吧。我和表姐聊过这个事。她是心理咨询师，帮我分析过。我一直在想，工作变动不可能成为我们分手的关键原因呀，而且分居两地只是暂时的。现在看来，果然有深层的原因，工作变动只是一个可以被摆上桌面的理由罢了。好遗憾呀！为什么他没有觉察到这些呢？

抚心人：他本身也是问题的一部分，应该是困在其中，无法自拔，所以才难以觉察。你能理解他的处境和感受吗？

一沙鸥：可以理解！我突然想起来，在我们关系很好的时候，我经常看见他一个人站在窗户前发呆，不知道他在想什么，问他也不说，只是微微苦笑一下。

抚心人：你当时有没有觉察到他的苦笑有什么含义？

一沙鸥：没有！当时我沉浸在幸福中，心里暗自祈祷我们的关系能越来越好，千万不要出问题。

梦者在无意中提到与梦中相似的内容，我觉得这便是将梦境与现实关联、促进梦者顿悟的最好时机。当她说到自己“心里暗自祈祷”时，我突然想到她在第一段梦中说过的“闭上眼睛暗暗地祈祷”这句话。

抚心人：就像你在梦里的祈祷一样，这次千万不要出什么意外？

一沙鸥：是的，我总是预感我们的关系要出什么问题。结果，想什么就来什么，真的出问题了。起初，我以为我们的关系出问题与工作变动有关，现在看来，工作变动只是个诱因。即使没有工作变动，我们的关系也可能会出问题，只是时间早晚而已。

抚心人：是的，暴风雨酝酿已久，迟早都会来的！

一沙鸥：你说得没错，暴风雨酝酿已久，迟早都会来的！暴风雨若是来了，必然是灾难性的。

抚心人：会有什么样的灾难呢？

一沙鸥："车毁人亡"吧，就是人不见了，车也找不到了。

抚心人：车子没有了，感情该如何安放呢？

一沙鸥：自然是无处安放了！

抚心人：那只是暂时的。对吗？

一沙鸥：感情都无处安放了，生活还有什么意义呢？

听到这句话，我心头一惊。我注意到，她斜靠在沙发上，眼神和表情中充满了绝望。这与她刚进来时的表现判若两人。

抚心人：梦中说你发现他不见了，心里很着急。这种着急在现实中有没有？

她长出一口气，慢慢地直起身子，说话的声音变得低沉许多。

一沙鸥：他刚提出分手的时候，我极力挽留他，可是没有用。他执意要走，还对我说，他很爱我，所以才要离开我。我很着急，可是没有什么办法。现在，时间过去几个月了，我没有那么着急了。

抚心人：那现在是什么感受？

一沙鸥：再也不会有人能走进我心里了，现在，我已经喜欢上了一个人的生活。

抚心人：一个人的生活是一种什么样的感觉？

一沙鸥：有一点儿孤独吧，但没有待在孤岛上的感觉。我现在很平静，工作、生活都很规律，只是偶尔，偶尔有那么一点点无聊。

为了能够加快梦的分析进程，让整个分析过程更加有节奏感，我决定尝试一下跳跃式分析。

抚心人：这种无聊的感觉能不能用“拣尽寒枝不肯栖，寂寞沙洲冷”来形容？

一沙鸥：当然可以。我觉得用这两句词形容我的心境特别准确、形象。我从梦中醒来的时候，还在念叨这两句词。

抚心人：你读过苏轼的那首词吗？

一沙鸥：上大学的时候读过。我都能背下来，印象很深。我特别喜欢这首词，但我不知道为什么在梦中只说了这两句。老师也知道这首词吗？

我特别喜欢这首词，估计她没记全。为了让她有更加深刻的印象，我决定背一背全篇。或许这会让她产生更多的联想和领悟。

抚心人：是的，这是苏轼因乌台诗案被贬黄州后写的一首《卜算子·黄州定慧院寓居作》：

> 缺月挂疏桐，漏断人初静。谁见幽人独往来，缥缈孤鸿影。惊起却回头，有恨无人省。拣尽寒枝不肯栖，寂寞沙洲冷。

你在梦中记起这两句词，难道这只是偶然吗？

一沙鸥：乌台诗案我知道。本来以为是偶然记起的，你这么一说，我觉得肯定不是偶然的。你刚才背诵全词，我突然觉得我就像那只“拣尽寒枝不肯栖”的孤鸿。

抚心人：梦里说，你接连找了好几个地方，想休息一下，可是都觉得不安全。这不就是那只“拣尽寒枝不肯栖”的孤鸿吗？

一沙鸥：是的，太像了。

抚心人：你一连找了好几个地方都觉得不安全，这怎么理解？

一沙鸥：没什么呀，就是说换了好几个地方而已。这句话并没有什么意思。

她的话中有明显的阻抗，背后可能隐藏着重要的信息。我是不会放过这种机会的。

抚心人：对了，你和男朋友分手后，有没有人追求你？

一沙鸥：没有。

抚心人：那你有没有主动追求别人？

一沙鸥：也……也没有。

她说完之后，就把头轻轻地低了下去，脸上浮过一丝尴尬的表情。我知道，情况可能并不像她所说的那样。

抚心人：真的是这样吗？

一沙鸥：不是！唉！看来，我必须得面对自己了。确实在我们分手后发生了一些事情。

抚心人：什么事情？

一沙鸥：他执意要去省公司当总经理助理并决定和我分手，我百般挽留之后仍然没有结果。那段时间，我心灰意懒、状态低迷，为了能尽快回归正常状态，我先后主动联系过两个过去曾经对我有好感的男生，一个在我们公司，一个离职到别的公司了。我和他们接触得都比较少，感觉不是特别好。这两个人工作都很优秀，对我也都很好，但是他们俩一个喜欢抽烟喝酒打麻将，我受不了；另一个做事追求完美，和他相处很累，我也无法忍受。与男朋友分手后，我分别和他们两个有过一段时间的交往，本来是要报复一下我的男朋友，同时也想借此机会缓解一下自己的情绪。可是，没想到我陷入更大的痛苦中。从此，我再也不主动和任何男生交往了。

临时交往的两个前男友，报废车辆里的两具骷髅，这两组相似的内容放到一起对比，具有明显的象征意义，不知她是否有所领悟。我想，不管怎么样，先引导一下是很有必要的。

抚心人：那你知道车上那两具骷髅是怎么回事吗？

一沙鸥：难道指的就是那两个男生？

抚心人：你觉得这两具骷髅指代的是那两个男生？

一沙鸥：应该是吧。可是我搞不清楚为什么他们会在一辆车上。如果按照你书上所讲的，车象征着情感空间，那应该是两辆车才对呀，怎么梦里只有一辆车呢？

抚心人：这个问题问得好。我想，如果这两个人与你的感情交往有许多共同点，可以归为一类，那么出现在同一辆车上就不奇怪了。你能找出他们与你交往时的共同点吗？

一沙鸥：是有许多共同点。一是都是在我们公司认识的；二是与我交往的时间都很短；三是都是我为报复前男友才主动找的人；四是我与他们的交往都是在演戏，根本没有上心。所以，这两段关系很快就“报废”了。

抚心人：“报废”了？

一沙鸥：是的，意思就是关系结束了。或许正是因为如此，这辆车才进不了院子，只能停在门口。我压根儿就没把这两段暂时的关系放在心上。如果你今天不问，我可能都想不起来他们。

抚心人：是的，你的理解真棒！这下明白了吗？

一沙鸥：明白了！原来是这样啊。

抚心人：你原先是怎么想的？

一沙鸥：我还以为这个梦说的是其他意思呢。对了，如果这么说的话，那个破败的院落是什么意思呢？

抚心人：那应该就是你精神世界的真实写照。你觉得呢？

一沙鸥：嗯！四下无路、黑暗阴冷、破败的院落……这就是我现在的心理状况。拣尽寒枝不肯栖，寂寞沙洲冷……寂寞……沙洲冷……好一个寂寞沙洲冷！

她一边念叨着，一边将目光移向窗外，沉默不语。

抚心人：和那两个男朋友分手后，你和之前的男朋友联系过吗？

一沙鸥：曾经试着联系过两次，发现他已经将我的微信号、手机号、QQ 号、MSN、微博全都屏蔽了，我们彻底失联了。其实，即使联系上了，也没有什么意义了，一切都过去了，再折腾又能怎么样呢？到头来还不是一场空吗？真的没有什么意义！

说完，她又一次将目光移向窗外，沉默不语，眼泪慢慢地流了出来。这时，我想到她在梦的最后提到“在黑暗中伤心地哭了，目光慢慢地转向大海深处”。我决定打破沉默。

抚心人：你刚才想到了什么？

一沙鸥：没想到什么，就是觉得伤心而已。谢谢老师。

抚心人：这个梦，你现在能理解了吗？

她依旧将目光移向窗外，沉默不语。

抚心人：这个梦，你现在能理解了吗？

看她没有回应，我又重复问了一遍。她突然回过神来。

一沙鸥：理解了，理解了，谢谢老师！

抚心人：你刚才在想什么？

一沙鸥：没想什么！

她的脸上闪过一丝奇怪的表情。凭直觉，这是一个绝望的微表情，一个危险的信号。我不能让她就这样走了！那样会置她于风险之中。我得把她的思维引到安全地带，这样她内心的风险才会降低。

抚心人：你还好吧？

一沙鸥：还好！这个梦我理解了。时间差不多了，我也该走了。

抚心人：你打算去哪里？

一沙鸥：不知道。

抚心人：你和谁在一起感到快乐、放松、安全？

一沙鸥：阿力。

抚心人：阿力是谁？

一沙鸥：我养的狗。

抚心人：它和你在一起多久了？

一沙鸥：三个月。

抚心人：你经常带它出去玩吗？

一沙鸥：不算经常吧。刚才脑子里浮现出它在你这里玩耍的样子，有点儿荒唐了，我不可能把它带过来的。

抚心人：下一次，你打算什么时间再过来？

一沙鸥：那要看我什么时间做梦了。不过我想，我很快就会做梦的，我有这种预感。

抚心人：希望你下次能做一个好梦。

一沙鸥：谢谢！

抚心人：再见！

一沙鸥：再见！

说完，她便立刻起身向外间匆匆走去，出门时回头冲我挥手道别，脸上露出一丝勉强的微笑。还没等我还之以微笑，她已经掩上门走了。我整理完这个梦的分析要点之后，觉得她的内心并不是特别安全，如果再受到什么刺激，或许会发生危险。我很希望她能再来，因为她的问题并没有完全处理好，只是不知道她为何会匆匆地离开。

正在我打算深入思考时，手机响了，是北京一家影视公司的导演打过来的。他们多方打听后，决定找我合作拍一部像美剧《问诊》一样风格的网剧，取名为《审梦师》。其实我早有此意，只是一直没遇到合适的导演。看来，接下来我有事情做了。

15

沙洲上的孤鸿（二）

一周后，一沙鸥又做了一个梦，预约了同样的时间。这一次，我提前二十分钟到了研究中心，先把之前的审梦记录熟悉了一下，并回忆了分析过程，然后静静地等着她的到来。

这一次，她准点到达，进入工作室后，跟我简单地打了个招呼，就一直坐在座位上沉默不语，直到汪梦谨倒完水关上门后，她才向前倾了倾身子，开口说话。

一沙鸥：抚心人老师，我昨天晚上又做了一个梦，一个奇怪的梦。

抚心人：一个什么样的梦？

一沙鸥：我梦见，夜色阑珊，四下无人，远处是灯火辉煌的繁华都市，我一个人在河边走着，不知怎么的，就来到了一个平台边。平台伸向河里，人可以走上去，像T台一样。我走到平台边缘的栏杆跟前，扶住栏杆，看向远处。突然，我连同栏杆一起掉进河里。我并不是特别害怕，只是吓了一跳。我赶紧往岸边游，可是，我只

游了几下就不会游泳了。水很深，我感觉很危险。于是，我大喊“救命”，好像没人听见。过了一会儿，我看到一个男子不慌不忙地走过来，坐在一把椅子上，和我说了几句话。我感觉心神安定了许多，然后发现自己好像又会游泳了。很快，我就游到了岸边，顺着台阶上来了。这时，男子站起来，走到路边的车上，拿下来一件大衣，披在我身上。那一刻，我感到了温暖，心里有一种喜欢他的感觉。他发动了汽车，我很自然地就上了车。车一直往前开，我半躺在后排座位上，心里很舒服。车很快到了我的住所，然后停下来。下车时，他说：“请付钱。”这时，我才意识到我坐的是辆救护车。我心里很矛盾，不知该如何处置，就醒了。

抚心人：能先谈谈你自己的理解吗？

一沙鸥：当然可以。我觉得这个梦并不复杂，里面还有你的影子。

抚心人：我的影子？

一沙鸥：是的，以我的判断，梦中那个男子就是你。

抚心人：何以见得？

一沙鸥：我因感情问题而处在危险中，是你不动声色地将我从危险中引导到安全地带。当然，你还收了我费用。这么多地方与现实相符，这个人不是你，还能是谁呢？

她的分析合情合理，证据必要而充分，我快要相信了。如果能从感受上再确定一下，就确信无疑了。

抚心人：梦中，你对那个男子有什么样的感觉？

一沙鸥：很矛盾的感觉。

抚心人：怎么讲？

一沙鸥：一方面挺信任他，我觉得我们之间有心灵相通的地方；另一方面又觉得难以靠近他，我们之间好像隔着点儿什么。

抚心人：是什么让你感觉与他心灵相通？

一沙鸥：孤独。

抚心人：孤独？

一沙鸥：是的，你不孤独吗？

抚心人：你说我孤独？

一沙鸥：是的。难道你不孤独吗？

抚心人：你从哪里可以判断出我孤独？

一沙鸥：我说不好，但直觉告诉我，你也是孤独的。

听到这里，我觉得她所言并不准确。如果只是泛泛而谈的话，我觉得人人都会有孤独，所以她也没有完全错。我不打算和她辩论。因为细细想来，我偶尔也会有一些孤独的感受。

抚心人：你还判断得挺准。每个人都有孤独的时候。心理学这个行道的人，就是要相对孤独才能更加敏锐，就像作家搞创作一样，体验到孤独了，才会出好作品。不是吗？

一沙鸥：那倒是。可是我见不得别人孤独，如果我看到别人孤独，就会有一种想拯救他的愿望。就像我男朋友，他第一次给我回邮件是在凌晨一点钟，后面连续几次都在这个时间点左右。我由此判断他是孤独的。后来事实证明，他比我还孤独，比我还痛苦。所以，我们就在一起了。

抚心人：你从什么时候开始感觉很孤独，很痛苦？

一沙鸥：我一直有孤独和痛苦的感觉。不过，我并不想说这些，至少现在不想说。

抚心人：孤独也是生活的一部分，也是一种珍贵的体验！

一沙鸥：你不懂，孤独有时候可以吞噬掉一个鲜活的生命。

她说完这句话后便沉默了。那一刻，整个工作室的气氛都凝固了。她的表情僵硬、严肃、毫无生机。我觉得我们之间好像隔着一块玻璃，她能看见我，我也能看见她，但就是感觉不对。我决定借助前面她说的一句话来引导她理解这种感受。

抚心人：前面你说，你和梦里的男子之间好像隔着点儿什么。那么，你们之间到底还隔着什么？

一沙鸥：隔着钱。

抚心人：隔着钱？

一沙鸥：是的，就是我付给他的费用。

抚心人：付给他费用让你感觉不舒服了吗？

一沙鸥：是的，如果他帮了我而没有收任何费用，我就会感觉很舒服，这便是一个完美的梦。可是，这一切都让收费给破坏了。就像，就像……

抚心人：就像什么？

一沙鸥：就像你帮我分析梦之后还要收费，也破坏了你在我心中的完美印象一样。我虽然知道你们收费是正常的，但还是忍不住这么认为。这也是让我在现实中经常感到矛盾的地方。

我可以确认，梦里的那个男子就是我。为了消除她内心的矛盾，接下来我需要重新澄清一下我的职责定位。

抚心人：审梦师从来都不是完美的。我们就像医院的体检中心一样，可以帮助你从另一个角度认识你自己，却并不是医院里最值得病人称赞的科室，你能理解吗?

一沙鸥：你说得这么委婉、生动、形象，我当然能理解！可是，我不理解的是为什么梦里那个男的会提醒我付费。

抚心人：是呀，为什么那个男子会在梦中提醒你支付费用呢?

一沙鸥：依我看，让我付费的行为最主要的功能就是告诉我不要沉浸在这种虚幻的美好之中，让我不要忘记我们是求助与帮助的关系。这种关系是需要用钱来维持的，分析，付费，这是你们的规矩。

抚心人：没错，这个规矩的目的很单纯，就是为了更好地帮助到你。如果没有这个费用做保障，关系的边界就会不清楚，我也就无法冷静、理性地帮助你了……

一沙鸥：真不知道，你是理性还是冷血。我都掉进水里了，你居然还坐在岸上不着急。

抚心人：你虽然不小心落水了，但其实你是会游泳的，只不过一时慌乱，突然不知道该怎么办了。如果我盲目地跳下水去救你，可能会打乱你的节奏，甚至还会发生危险；而我没有下去，只是在岸边陪伴着，你便能安定心神，自己爬上岸。这样不是挺好吗？

一沙鸥：是挺好，但那并不是我期望的。

抚心人：你的期望是什么？

一沙鸥：下水救我，接我上车，送我到家。

抚心人：这样听起来，故事性就更强了，有点儿英雄救美的味道了……可那是英雄需要做的事，审梦师是做不来的。你说呢？

我话音还未落，她就忍不住哈哈哈大笑起来。我也笑了。显然，她有移情，如果一味地严肃，分析过程就会陷入僵局。幽默是化解尴尬的常备选项。

一沙鸥：我是不是有点儿异想天开、走火入魔了？

抚心人：你有没有觉察到，你把梦和现实混在一起了？

一沙鸥：有时候会有一点儿，以前男朋友也说过我。

抚心人：他说你什么？

一沙鸥：他说我经常会陷入自己预设的想象中，如果别人没有与我同步，我就会陷入孤独中。

抚心人：能细说一下你的孤独吗？

一沙鸥：嗯，这个说来话长，得从我小时候说起。我们家一共四口人，父亲、母亲、我，还有一个姐姐。爸爸原来是县农业局的一名干部，妈妈是一名中学老师。他们生了姐姐后，还想再生一个男孩，但又怕违反计划生育政策，于是想方设法生了我。因为又是女儿，爸爸、奶奶和爷爷都非常失望，就想把我送人，可是妈妈不允许。最终我被留下来了，爸爸却因此被开除，丢了工作。之后，他就去了大学同学的公司打工，收入一般。在我七岁前，有好几次，爸爸都想把我送给农村的亲戚，但妈妈不同意。上小学以后，我的学习成绩特别好，又懂事，特别有眼色，慢慢地，家里人都舍不得把我送人了。时间长了，爸爸看到我挺优秀，就对我寄予了很大希望。从初中到高中，我上的都是重点学校，不仅学费全免，而且学校还给我发补贴。后来，我考上一所重点大学，全家人都很高兴。上了大学，我突然失去了人生目标，不知道该干什么。幸亏辅导员及时地开导我，我才没有荒废学业。我一度喜欢上了我们的辅导员。他鼓励我争取公费留学。我听了他的话，去了法国的一所大学留学，并拿到硕士学位。其间，我与辅导员一直保持联系。他经常鼓励我努力学习，早日毕业回国。等我毕业回来的时候，我发现辅导员已经结婚了。这让我非常失望。

审梦手记

梦者做完一长段叙述后，审梦师该从哪里接话，这是一个非常考验审梦师的问题。通常来讲，有三种接法：一是从梦者反复强调的内容接话，因为这可能是梦者关注的重点；二是从情绪色彩最明显的地方接话，因为这可能是梦者体验最深刻的地方；三是从梦者讲述内容结束的地方接，因为这样做最为流畅。

抚心人：辅导员有没有解释什么？

一沙鸥：没有，他只是发了一封邮件，说了许多原因。我根本没有仔细看，因为一切都已经晚了。我本来计划考回母校当辅导员，但是为了避免尴尬，我就选择了一家公司。

抚心人：就是你现在所在的公司吗？

一沙鸥：是的。我入职以来，一直在这家公司。

抚心人：入职以来一直有孤独感吗？

一沙鸥：也不全是。和男朋友在一起的时候，我并不孤独。可是，他一离开我，孤独感马上又回来了。我最近找你帮我分析梦，体验到的也不是那份孤独。

抚心人：你的意思是说，当有人与你建立起你需要的关系时，你就不会孤独了？

一沙鸥：应该是。当有人走进我内心深处并看到我的时候，我就不孤独了。

抚心人：你有没有注意到能走进你内心深处并看到你的人都是什么类型的人？

一沙鸥：都是我欣赏的人，也都是帮助过我的人。

抚心人：喜欢这样的人，对你来说意味着什么？

一沙鸥：意味着我是讨人喜欢的，我不会被人随便抛弃。

抚心人：你害怕被人抛弃？

一沙鸥：是的。你会抛弃我吗？

抚心人：你觉得我会抛弃一个需要我帮助的人吗？

一沙鸥：那就好。你这么说我心里踏实了，谢谢。

抚心人：这个梦你理解得怎么样了？

一沙鸥：已经理解了。不过，我最近做梦比较多，如果有印象深刻的梦，我还会找你的。

抚心人：随时欢迎！

说罢，我就站了起来，但她并没有立即站起来，而是侧脸看向窗外。室外阳光明媚，风和日丽，终南山清晰可见，如同在眼前一般；室内的绿萝刚刚发出黄绿色的新叶子，就像新生婴儿的皮肤，嫩嫩的、肥肥的，让人忍不住就想多看几眼。茶几上的沙漏里差不多还有十分之一的沙子。今天的梦分析得比以往快了一些。所以，她在这里坐着，我也没有催促，只是在旁边耐心地陪着。

她一直没有说话。大约三分钟后，她掏出手机看了一下，似乎突然想到了什么事情，站起身，径直往外走去，快到门口时，才和我说了声再见。我有些意外，还没来得及走过去送她，她便出门了。只听见门被轻轻带上的声音和一串咯噔咯噔远去的高跟鞋脚步声……

16

沙洲上的孤鸿（三）

两周后，她又做了一个梦。这次，她没有预约，而是突然出现在研究中心的门口，正好碰到汪梦谨，汪梦谨便把她请到接待室。我正在分析另一位梦者的梦，让她足足等了三十分钟。我从工作室出来的时候，从门缝里瞥见她在接待室里不耐烦地翻着书。我刚送走上一位梦者，她便走出来，礼貌性地冲我笑了笑，还没等我发出邀请，就径直走进工作室坐下了。后面没有人预约，于是，我就跟着进去了。看来今天只能破例，要分析两个梦了。我尚未坐定，她就开始说话了。

一沙鸥：昨晚做了个怪梦，有点儿恐怖。本来准备后天预约你，但走到半路上，想着单位今天没有什么要紧的事，就临时请了两个小时的事假，没想到来得那么不巧。现在，我只剩下一个小时了，路上我得走三十分钟，也就是说，我们得在半小时内把这个梦分析完。你能做到吗？

抚心人：你想做到吗？

一沙鸥：当然呀！

被梦者逼着限定时间内完成审梦，这还真不多见。不过，这样的梦境分析起来倒是很容易，因为她的动机很强，领悟力必然也很强。

抚心人：那就好办！能先说说梦吗？

一沙鸥：好的。这个梦不长。我梦到我在一个荒无人烟的小岛上。这个岛上好像有瘟疫，动物全死了。我害怕极了，想离开这个小岛，却没有办法离开。就在我着急的时候，意外捡到一张图纸。我看了图纸之后，顺着图上的指示，走到一个渡口。渡口有一个头戴蓑笠的老人。我上船后，船摇摇晃晃地开动了，老人问我要去哪里。我说我也不知道。老人指了指远处的朦朦胧胧的小岛，说那个岛上景色秀丽、风景宜人，我开始憧憬岛上的风光。上岛后，发现果然如老人所言。我在岛上待了很长时间，后来发现岛上有一座跨海大桥，直通远处灯火辉煌的地方。顿时，我感到神清气爽，看着远方，微微地笑了。

抚心人：这个梦，你自己能理解多少？

一沙鸥：大概理解一些。这个梦是不是说，在我绝望的时候，我通过你书上的二维码找到了你？你就是那个头戴蓑笠的摆渡人，是你帮我分析梦，帮助我厘清了心里的一团乱麻，让我在绝望中看到了希望，让我在悄无声息中度过了一场心理危机？

抚心人：你的心理危机是什么?

一沙鸥：我曾经有过轻生的念头。

抚心人：那后来呢?

一沙鸥：你帮我分析完梦之后，我有一些领悟。我觉得我不能因为别人身上的问题而毁了自己的幸福。于是，我不再想这些事情了。

她的这番话让我想到了第一次审梦结束时，我听出她言语中有轻生的倾向，于是我通过一连串的提问将她的思维引向安全地带。直到她与我讨论做下一个梦的时间时，我心里才感觉放松了一些。有可能当时悄无声息的干预起到了一定的作用，只不过今天才从她口中得到了验证。

审梦手记

如果一个梦者连续多次报梦，那么审梦师在分析后面的梦时，一定要综合考虑前面的梦与后面的梦之间的潜在关联，它们之间常常会存在某种潜在的联系，这对更加全面、更加深刻地理解梦境、理解梦者具有重要的意义和价值。

抚心人：那后来呢?

一沙鸥：没有后来了。我慢慢地放下了这件事。毕竟，时间会抚平创伤。其实，我们之间并没有惊心动魄的爱情故事，只是两个拥有“病态”成长经历的人的巧妙组合而已。现在抽身出来再看这段感情，感觉也就那样。有时候，以局外人的姿态去审视那些所谓的令人感动的爱情故事，突然会有一种索然无味的感觉。这样看来，所谓爱情只是一种症状的表达而已。

抚心人：突然觉得你超然了许多。你有没有觉察到自己变了？

一沙鸥：有点儿吧。经历过生死的人更容易看淡一切。

抚心人：经历过生死？

一沙鸥：是的，在心理层面，我算是经历过一次。不过，还得感谢你！

抚心人：感谢我什么？

一沙鸥：感谢你让我在经历了一场瘟疫之后，安全地逃离孤岛，并看到了远处“灯火辉煌的地方”，更重要的是，还有“一座跨海大桥”通向那个地方。你就是那个“头戴蓑笠的老人”。

抚心人：太好了！祝愿你从此远离“瘟疫”，永远安全、幸福、快乐！

一沙鸥：谢谢你！是不是这就算分析完了！

抚心人：是不是后悔自己有点儿用力过猛，三两下就领悟了？

一沙鸥：呵呵呵，不后悔！我本来就是这么聪明的人，领悟力总是与众不同的。你觉得呢？

抚心人：已经领教了！确实与众不同。希望你继续保持。

一沙鸥：谢谢你的表扬和鼓励！我会继续加油的！

话到此处，似乎这就算结束了，时间却不到半小时。她似乎并不着急走，先是准备起身，然后又坐下来，四处打量，对这里的角角落落几乎审视了个遍，还不时地发出感叹：“这里的物件看起来都是精心选配的！”“这里真的与众不同！”“这里的环境真不错！”我微笑着陪伴。

直到半小时到了，她才依依不舍地离开。这次，我不再担心了，内心那种踏实满足的感觉告诉我，她已经慢慢地强大起来了。

其实，人生就像一段旅程，如果一开始没有走好，误了行程，经过反复努力依然没有进展，不妨借助交通工具带你一程，没有必要一个人那么辛苦地独自前行。否则，你会错过路上最亮丽的风景。

17

精神病院里的正常人（一）

昨天下午，我们研究中心的成员在研讨室内一起观看了电影《飞越疯人院》。大家一起讨论的时候，我突然想起了美国心理学家罗森汉恩在1973年所做的“罗森汉恩实验”。我记得这个实验曾被罗森汉恩发表在世界权威杂志《科学》上。为了弄清更多细节，今天早上，我在网上找到了《精神病院里的正常人》这篇论文，仔细地阅读了一遍。就在我感叹西方精神病学诊断的尴尬时，突然响起一阵敲门声。汪梦谨去开的门。进来的是一个女人。她并没有事先预约，只说自己走到门口，在好奇心的驱使下想进来看看。我很好奇这突然而至的人是谁，于是走到大厅。

抚心人：你是？

冷雨枫：噢！没事，我是路过的闲人，出于好奇，进来看看。你们这里是专门解梦的地方？

抚心人：我们这里专门研究梦境，并帮助梦者分析梦境。你有这方面的需求吗？

冷雨枫：有是有，但我还不清楚你们和城隍庙门口那些解梦的人有什么不同，也需要问生辰、看八字、接地气、观面相、烧高香吗？

虽然她有些出言不逊，但我没太在意。依我的判断，她以前有这方面的需求，找人解过梦，很有可能上过当、受过骗，所以今天才这么小心。想必她心中积压了一些不满，以此话来试探我。

抚心人：呵呵呵，看来你在这方面很有经验嘛！

冷雨枫：谈不上经验，就是上的当比别人多一些而已。

抚心人：愿意坐下来说说吗？

冷雨枫：我先不急着坐，简单点儿说吧。几年前，有一段时间，我总是做同一个梦，梦见被一只大狗追得无处可逃，经常从梦中吓醒。我先是上网去查，对网上的解释很不满意。在朋友的推荐下，我去当地城隍庙门口找了个解梦的高人。那人说我可能会有一劫，还要我烧了一炷高香。没办法，花钱消灾，买高香花了我不少钱。最让我生气的是，那人一点儿也不严肃，总是不怀好意上上下下地打量我，看得我毛骨悚然。我生气了，起身就走。

抚心人：现在还做这个梦吗？

冷雨枫：不做了！你说说这个梦是什么意思。

抚心人：我可是从来不乱猜的。

冷雨枫：没事，你随便猜，猜错了也不怪你。猜吧，快点儿。

她满脸堆着笑，眼巴巴地看着我。我本无意去随意猜别人的梦，但眼下已经被逼到墙角，只能简单地问几个问题，冒险猜猜了。

抚心人：你是想看看我和城隍庙门口那个高人的水平相差多少吗?

冷雨枫：那倒不是。不过，你只要一猜，我就能判断出你的水平，也就知道要不要坐下来谈了。你别解释了，猜吧，没关系的。

她脸上的笑容一直没有消失，并且一直眼巴巴地看着我，那架势好像如果我不说，她绝对不会善罢甘休。于是，我打算委婉地猜一下，算是启发一下她吧。

抚心人：做这个梦的那段时间，你与老公的关系如何?

冷雨枫：一般，还行。你是不是猜不出来呀?

抚心人：那我就随便猜了。如果我猜错了，你可别生气呀!

冷雨枫：我不生气，只允许你猜三次。

抚心人：你在婚外有没有……

我话还没说完，她就急忙抢过话头。

冷雨枫：靠谱！就算你猜对了！

抚心人：为什么这么说？

冷雨枫：你是打算在大厅让我把话说完吗？

抚心人：呵呵呵，请到里面坐下说。如何？

我听见汪梦谨“扑哧”一下笑出声来。我相信冷雨枫一定也听见了，但在她还没有反应过来的时候，我赶紧示意她进工作室。她边往里走边四处打量着。她的变化实在太快了，我有点儿不适应。依她的表现来看，她可不是随便路过的人，显然是有备而来，刚才这一切应该只是一个测试。还没等我示意她落座，她就已经坐下了。汪梦谨跟了进来，递上一杯温开水，没敢正眼看她。她盯着汪梦谨，直到这姑娘退出去才转过头来看我。

冷雨枫：你这里的环境真不错，布置的风格很能引发人们的思考。

抚心人：那你进来之后都思考了些什么？

冷雨枫：我在思考，你是怎么猜中这个梦的意思的。

抚心人：呵呵呵，凭经验猜的。

冷雨枫：我实话告诉你吧，你所猜的接近真相！不过，这个梦已经有人帮我解过了。

抚心人：谁？

冷雨枫：我的一个心理咨询师朋友，她叫风波婷，既是你的读者，又是你的梦者，她也会分析梦。她帮我简单地分析过前面的那个梦，我很认同。我打算让她帮我分析更多梦，她就建议我找你好好地分析一下，原因是我们的关系太熟悉了，不方便做深入分析。所以，我就来找你了。不过，我还不了解你的水平。

抚心人：哈哈哈！你对刚才的测试结果满意吗？

冷雨枫：你过关了！如果不测试一下，我怎么敢把我的梦说给你听呢？梦里可藏着许多不可告人的秘密呢。对了，你不会因为刚才我测试你而不好好给我分析梦吧？

审梦手记

猜测“裸梦”是一件非常危险的事情，因为缺少梦者的信息，缺少梦者的联想，缺少梦境背后的故事，这种猜测完全是基于平时的经验，猜对的概率很不确定。如果再综合更多的信息，准确率可能会高一些。不到万不得已的时候，审梦师不要去随便猜测任何梦。

抚心人：呵呵呵，不会的！今天你打算讲一个什么样的梦？

冷雨枫：这个梦不长，但我对它印象深刻。我梦见我回到了儿时的老家，刚在家里待了一会儿，突然就地震了。家里还有没有其他人我忘记了，但是我很清楚我的表哥风、我的两个孩子就在家里。

我们站在楼上看见远处好多地方被蓝色的海水淹没了，我们这里的房子暂时还算安全。我让表哥看好孩子，我先下楼去探路，看看能不能走出去。下楼以后，我发现好多地方的楼房正在倒塌，我差点儿被砸到，幸好我躲闪及时。我费了好大的劲才找到离开这里的出口。我赶紧回到楼上，让表哥抱着我儿子下楼。而我自己则争分夺秒地去另外一栋楼领我的女儿。在第二栋楼上，我一边带上自己所有的积蓄，一边说明情况。女儿和我一起下楼，和表哥会合了。我们一起计划着离开这个恐怖、危险的地方，去一个新的安全的地方。可是不知道为什么，我们下了楼，不管怎么走都找不到我之前探好的出路，好像迷路了。我非常着急，就醒了。

抚心人：这可真是一个让人惊心动魄的梦呀！

冷雨枫：是的，我刚才讲述这个梦的时候也有这种感觉。

由于她没有预约就直接过来了，也没有填写预约表，我对她的了解仅限于目前接触中所获得的信息。我本想让她介绍一下个人情况，但又觉得此时提问略显生硬，于是，我临时决定在分析过程中根据需要随机提问。

抚心人：这个梦，你自己能理解多少？

冷雨枫：不太理解。这个梦给我的感觉不是很好。

抚心人：是什么样的感觉？

冷雨枫：焦虑。

抚心人：现实中有焦虑的感受吗？

冷雨枫：有，一直有。

抚心人：从什么时候开始有的？

冷雨枫：三年前吧。

抚心人：三年前？

冷雨枫：是的。

抚心人：三年前发生过什么事，让你感到焦虑？

虽然这个问题有些模糊，三年前会发生很多事，但是我想，面对这样的提问，她通常只会想到那些特别重要的事，而这些事肯定与引发她焦虑的情绪有关。当然，这只是一般的规律，也有例外。

冷雨枫：三年前发生了那么多事，具体想不起来了，只是感觉焦虑就是从那个时候开始的。最近我也有焦虑的感觉。

抚心人：最近的焦虑主要是什么事引起的？

冷雨枫：主要是孩子的事情引起的。

抚心人：能具体说说吗？

冷雨枫：我想让婆婆和公公来我们家帮忙看孩子。可是老公想把儿子送回老家让婆婆和公公给看着，还说如果我不愿意，就暂时让我请假在家里看孩子，等孩子上了幼儿园再上班。我当然不会同意。这事没有谈妥，所以我有点儿焦虑。

抚心人：你的公公婆婆是什么态度？

冷雨枫：好像这个梦里没有提到我老公、公公和婆婆，他们应该与这件事没有关系吧？

显然，她内心是有阻抗的。或许她还没有做好向我讲述那件重要事情的心理准备。我不能着急，需要换个角度试试。

抚心人：表哥风是一个什么样的人？

冷雨枫：梦里的表哥风和现实中是一样的，很清晰。表哥和我从小在一个学校读书，他比我大两岁，人高马大，性格直爽，好打抱不平。小时候，如果有同学欺负我，我就会第一时间告诉表哥。表哥一定会替我出气，把欺负我的人教训一顿。所以小时候，他是我的保护神。长大了也一样，我们的关系非常好。

抚心人：他怎么会突然出现在你的梦里？

冷雨枫：是呀！我也觉得奇怪，他还和我一起在老家照顾孩子。

抚心人：你最近一次见他是什么时候？

冷雨枫：大概是在三年前吧。

抚心人：当时见面的情景你还能记得吗？

冷雨枫：我和表哥见面的事与这个梦有关吗？

抚心人：我不好说，只是说到这里了就先问问，万一有关系呢。

又是一次强烈的阻抗。我的感受非常明显，就像被一个坎挡住了一样。此刻，我几乎可以确信三年前一定发生了什么重要的事情，只是她不肯说，或者说她尚未感受到安全，暂时还不想说。不管怎样，现在我不能逼她，得迂回前进。

冷雨枫：或许吧。不过那是你的假设，我觉得可能没有关系。我表哥在煤矿工作，很少回来。我生了二胎，孩子满月的时候，都没有见到他。

抚心人：你什么时候生的二胎?

冷雨枫：一年前。二胎是个儿子，一岁多了，梦里和现实中差不多。

前面，我们正在讨论三年前发生的事情，突然被她终止了，紧接着，她又说到二胎。难道三年前的事与生二胎之间有某种关系？我不敢确定，只能先投石问路。

抚心人：那可要恭喜你了，儿女双全，好事成双呀!

冷雨枫：有什么好恭喜的。在别人看起来这是成双的事，可是生过二胎的人才知道，生二胎并不容易。且不说年龄大了生孩子风险很大，即使顺利地生下来，孩子也健康活泼，单抚养孩子也不是一件容易的事情。

抚心人：这么说，你当初并不主张要二胎?

冷雨枫：唉，这个说来话长，我暂时不想说这个问题。

抚心人：也罢，反正孩子在梦里也没有多少"戏份"。现在，你最想了解梦的哪一部分？

冷雨枫：我最想知道为什么梦里会地震。

抚心人：说到地震，你会联想到什么？

冷雨枫：我能想到破坏、危险、害怕、逃跑、灾难。

抚心人：你的生活中发生过什么样的事情，它具有破坏性、充满危险性，而且让你害怕，想逃跑？

冷雨枫：你这么一问，我想起一件事。不过，这件事还得从三年前谈起。呵呵，看来这件事我不说不行，实在绕不过去呀！

抚心人：你真的做好准备了吗？

冷雨枫：嗯。我就简单点儿说吧。三年前，有一次，我和老公为一件小事吵架，吵得很凶，都报了警。警察来了，觉得是家事，没多管，劝了劝我们就走了。我心里非常不舒服，就和表哥说起这件事。表哥听完，就请假回来，来到我家和我老公说理，结果两个人没谈拢，表哥动手打了老公。老公非常生气，和我冷战了很长时间。后来我婆婆知道了，当着我的面说了许多难听的话，我就和婆婆吵了起来。

抚心人：婆婆说了什么话，让你如此动怒？

冷雨枫：婆婆说我和表哥关系不正常。她这么无凭无据地往我身上泼脏水，是可忍，孰不可忍！我当面骂了婆婆几句，信口雌黄，为老不尊，不得好死。

说这些话的时候，她明显感到了愤怒，声调突然升高，面部肌肉抽动，激动得两只手攥得紧紧的。

抚心人：你骂得也够狠的。

冷雨枫：就这还感觉不解气！

抚心人：那真相是什么呢?

冷雨枫：真相就是我和表哥是清白的！我从小没有哥哥，家里就我和姐姐两个孩子。表哥就像我亲哥一样。我们在同一个学校上学，他一直都在保护我，只要我有求于他，他就会伸出援手、两肋插刀。这是我们娘家人都知道的事情。我结婚后，表哥也参加了工作，渐渐地，我们的联系就少了，但兄妹感情丝毫未减，只要我求助，他依然愿意帮助我。不过，这次他下手确实挺狠，打得我老公脸都肿了，两颗门牙也松动了，害得我老公两周都没有出门。

抚心人：你为了什么样的小事与老公吵架?

冷雨枫：老公怀疑我与一个同学关系不正常，就盘问我。我告诉他没有问题，只是平时走得比较近，交流比较多而已。他不相信，整天和我吵闹。结果引发了前面的问题。本来表哥是一片好心，没想到把自己给搭进去了。

抚心人：老公据此怀疑表哥和你也有问题?

冷雨枫：是的。老公当场质问表哥，表哥觉得自己被羞辱了，怒不可遏，就动手打了老公。

抚心人：然后呢？

冷雨枫：然后我婆婆、我父母也卷进来了。误会越来越深，根本无法调和。我无力承受这一切，感到心力交瘁，不想和老公过了，想离婚。

我意识到，梦背后隐藏的真正问题慢慢浮出水面，这个梦的意思逐渐清晰起来。离婚，这个前面一直没提到过的词在此刻出现，值得关注。

抚心人：离婚？

冷雨枫：是的，当时我们已经过不下去了。我做好了各种打算，找了律师，把财产分割的事情都说好了。但后来我仔细一想，如果离婚了，岂不是更让人怀疑我和表哥的关系吗？再说了，表哥毕竟只是表哥，他虽然能够给我带来安全感，但毕竟不能给我带来家一般的幸福。想到这里，我又迷茫了，不知道该怎么处理这件事。

抚心人：就像梦的最后，你们虽然已经找到了出口，但等逃走的时候，又迷路了？

冷雨枫：是呀，我刚才已经有所觉察。怪不得我要带上自己的所有积蓄，原来这是准备离婚分财产。呵呵，这真是太奇妙了！

抚心人：关于离婚的事情，你表哥是什么意见？

冷雨枫：他虽然不停地骂我老公，但没有劝我离婚。他只是对我说，无论我做什么决定，他都支持我。我想过，他肯定负不起我离婚的这个责任。

抚心人：事情闹成这样，你怪表哥吗？

冷雨枫：我不怪他。毕竟他是一片好心，也是按照我的安排行事，只是没想到事情会闹这么大，危及我的婚姻。

抚心人：就像梦中突然爆发的地震一样，让你感到意外？

冷雨枫：是的。做梦前两天我看到一则新闻，有一个国家发生地震了。我惊了一下，觉得我们好幸运，没有受到地震的影响。没想到自己梦里却发生地震了。我觉得这个地震说的就是这件事对我的影响。

抚心人：在梦里，面对地震，你虽然害怕，但还能应对自如。是这样吗？

冷雨枫：是的。虽然地震让我害怕，但我并没有手足无措，甚至我感觉自己挺英明的。

抚心人：挺英明的，怎么讲？

冷雨枫：这都不明白！我的意思是说，我没有离婚是正确的！如果当时我一冲动离了婚，就没有后来了。

抚心人：后来还发生过什么事吗？

冷雨枫：后来，后来又发生了一些事，不过和这个梦没有关系。

显然，她对这个梦已经基本理解，所以，当我再想追问过多的信息时，她的阻抗又出来了。看来深度分析的时机尚未成熟。我想，今天分析得差不多了，如果没有别的问题，就可以结束了。

抚心人：噢。关于这个梦，你还有什么不清楚的地方吗？

冷雨枫：呃……呃，对了，我表哥从来没有见过我儿子，为什么在这个梦里表哥抱着我儿子？

抚心人：我也很不解，不知道这背后还有什么值得探究的事情。

冷雨枫：难道……

抚心人：难道什么？

冷雨枫：是这样的。儿子是我和老公的第二个孩子，其实我和老公之间的矛盾主要是由生二胎引起的。至于他怀疑我和别人有关系，我觉得那都是借口，是他嫌我不生二胎而胁迫和攻击我的由头。

我注意到她措辞中的“别人”二字。为什么不直接说表哥呢？前面说得挺顺口的，为何此处换成了“别人”？难道这个“别人”另有隐情？这时，我突然想到她刚进来时用于测试的那个梦。那只追得她无处可逃的大狗很有可能是提示她在道德层面存在自我谴责。难道她可能还与其他异性存在一些小问题？

抚心人：真是这样吗？

冷雨枫：是！

我注意到，她在说“是”的时候，并没有点头，而是在轻轻地摇头，同时她还在不经意间撩了一下耳边的头发。我判断，事实可能并非如她所说。

抚心人：你和表哥的关系肯定没有问题，我是相信的，但你和前面提到的那个同学真的一点儿问题也没有吗？

冷雨枫：唉，我和那个同学虽然有一点点问题，但不是我老公想的那样，只是个误会。

抚心人：能详细说说吗？

冷雨枫：我觉得这件事并不重要。必须说吗？

抚心人：你觉得这件事并不重要吗？

冷雨枫：好吧，我还是说说吧。我有一个中学同学，和我挺能说得来，平时交往自然会多一点儿，我没觉得有什么。不过，有一次同学聚会结束后，晚上他开车送我到我们家楼下。下车时，他猛地亲了我一下，确实有点儿过分。我没有太计较，只是生气地告诉他不能再这样，不然就断交。我上楼一进门，老公随便问了我一句："谁送你回来的？"不知何故，我心里非常紧张，我担心他透过窗户看到刚才的一幕。于是，我有点儿心虚，就岔开话题。他一再追问，我嫌他管得太多，就跟他争吵了几句。没想到，吵着吵着就情绪失控了，我摔了很多东西，他动手打了我。我担心不可控的事情发生，就报了警。那天晚上，我很后悔，也很自责，总觉得自己做了一件不光彩的事情。

她说这些话的时候，表情尴尬，神色慌张，不停地眨眼。看着她的举止，我心中的疑团一个个解开。

抚心人：从此，老公就开始怀疑你了？

冷雨枫：是的。我担心再产生误会，就把那个同学的电话、微信全都删了，断了与他的任何联系。我以为这件事就算过去了，可是没想到……

抚心人：没想到什么？

冷雨枫：没想到这仅仅是噩梦的开始。我和老公之后经常吵架，然后我就做了那个关于狗的梦。我看事态愈演愈烈，就把这件事告诉了表哥。没想到表哥把事情搞得更复杂了。大家都被情绪困住了，似乎没有人关心真相了。

抚心人：你老公不知道真相是什么吗？

冷雨枫：是的。即使我说了，他也不会信，还会生更大的嫌隙，还是不说的好。老公心中有疑虑，又没有证据，经常胡乱猜想，没事找事。唉，后来还发生了一些事，说来话长，算了，不想提这些事了，提起来就让人伤心。

她又一次自动终止了自己的话。看来背后还有需要挖掘的事情，但不知与此梦是否有关。既然她不想提及，我就暂时不多问了。

抚心人：看起来，你这几年过得很不容易呀！

冷雨枫：是呀！中年女人的字典里从来就没有“容易”两个字。

抚心人：我能理解你的不容易！如果以后有让你产生困扰的梦，你可以再来，今天就分析到这里，好吗？

冷雨枫：好吧！我觉得今天我已经说了很多了，本来没想说这么多。

抚心人：呵呵，有些问题迟早都要说出来，晚说不如早说。你说呢？

冷雨枫：也是呀！对了，之前对你有些误解，请不要见怪。

抚心人：不会的，如果见怪的话，哪里还有心情分析梦呢？

冷雨枫：是呀！你们肯定会包容的。不过，说真的，我最近梦挺多的，说不定过几天我又要找你来分析梦了。我总觉得我这个梦还有续集。

抚心人：随时欢迎！期待你的下一个梦。

冷雨枫：谢谢你！

抚心人：呵呵！

我一边笑，一边起身。她犹豫了一下，慢慢地起身，向外走去。我送她至门口。她走后，我回来整理分析过程时发现还有几个小疑点没有处理好。比如，突然出现的海水是怎么回事？为什么在老家？为什么表哥会出现在梦里？这些问题都没有解释清楚，不知道她是否理解了。有时候，审梦就是这样，很难精确地分析梦中的每一个细节，所以，审梦师只能引导梦者在主要的方向和要点上有所领悟，剩下的细节就留给梦者自己去慢慢领悟了。

18

精神病院里的正常人（二）

五天后的一个下午，外面狂风大作，乌云密布，街道上车辆的喇叭声此起彼伏，路人行色匆匆。研究中心里风平浪静，丝毫没有“黑云压城城欲摧”的压抑感。我正在为《审梦师》剧本甄选梦例。冷雨枫不期而至，我不得不暂停工作接待她。

她走进工作室坐下。我注意到她神色慌张，双目无光，心情沮丧。她说前天做了一个短梦，感觉特别奇怪，总觉得有深意，又难以理解，这两天晚上严重失眠，白天都无心上班，于是赶紧找我帮她分析一下。

汪梦谨端来一杯热水。她接过来喝了几口，定了定心神，把杯子放在茶几上，双手交叉搓了搓两只胳膊，才开口说话。

冷雨枫：早上出门忘记看天气了，衣服穿得有点儿薄，刚才在路上感觉好冷呀！

抚心人：现在感觉如何？

冷雨枫：你这里倒是挺温暖的，加上喝了热水，感觉全身暖和了许多。

抚心人：呵呵，看来这杯热水送来得挺及时。

冷雨枫：是的。我今天做好了认真配合的准备，只要你问到的，无论与梦有没有关系，我都会认真对待。

这个话，我可不相信。梦者往往都口口声声地说自己会全力配合，在实际分析中遇到阻抗，梦者自己未必能意识到。所以，这些话也就是梦者说给审梦师听的，其真实的意思是：虽然今天我没有预约，但你要好好给我分析呀！

抚心人：这次你做了一个什么样的梦？

冷雨枫：梦很短，但很奇怪。我梦见女儿睡在我的房间里，我睡在老公的房间里，老公睡在女儿的房间里。我很不开心，一个人睡不着，生闷气。我想回自己的房间里睡觉，进了房间发现女儿正在熟睡，我竟然非常粗暴地喊女儿起来回自己房间去睡觉。女儿被吵醒很生气，和我发生了争执。我很伤心，但没有哭，也没有歇斯底里。梦就这么多。

抚心人：你自己对这个梦有多少理解？

冷雨枫：我有点儿思绪混乱，尤其是三个人的房间出现了错乱，我几乎无从下手。梦里的情况和现实完全不同。

抚心人：现实情况是什么样的？

冷雨枫：现实中，我们家有三个房间，我们都在各自的房间里，互不干扰。

抚心人：你对这个现状满意吗?

冷雨枫：还好吧。

抚心人：可梦里好像显示你对这个现状并不满意。

冷雨枫：是的，我很不满意。因为我们都不在自己的房间，我只想回到自己的房间里睡觉。按理说，如果女儿睡了我的房间，我不会生气，尤其是她睡着了，我是不会打扰她的。现实中，这样的情况发生过好几次，我并没有生气呀，甚至还感觉很温暖。

审梦手记

梦境和现实完全不一样，这主要是由于梦的编码机制在起作用。梦被编码机制加工过，所以，看起来和现实有很大的出入。在梦者看来，这样的梦境让人匪夷所思，难以理解；而在审梦师看来，这样的梦境更有深意，更值得用心探究。

抚心人：为什么你在梦中会生那么大的气呢?

冷雨枫：我也不清楚。

抚心人：现实中，这几天也生过这么大的气吗?

冷雨枫：呃，生了。

抚心人：生谁的气？

冷雨枫：生老公的气。可是梦里为什么说我生女儿的气呀？

抚心人：这个问题问得好。为什么在梦里你没有生老公的气，而生女儿的气呢？

冷雨枫：是呀，女儿并没有惹我生气呀。倒是老公让我很生气。

我突然冒出一个念头：难道女儿置换了老公？这听起来不容易发生呀，更不容易被梦者接受呀！可是，还有其他可能吗？看来得找机会试探一下。

抚心人：因为什么生老公的气？

冷雨枫：我生了儿子后，想尽快回到工作岗位，否则时间长了，业务就生疏了。我不能在最好的年龄整天窝在家里看孩子呀！我老公一心想把我变成家庭主妇，不让我去上班，说家里不指望我挣的那点儿钱。我不乐意。

抚心人：你不乐意？

冷雨枫：是的，我可不想看着别人的脸色过日子。女人必须得有自己的生活，有自己的事业，有自己的圈子，这样才可能有幸福的生活。整天看着男人的脸色过日子，那得多难受呀，我可不习惯。我已经因为照顾孩子失去很多自由和时间，不能再让步了。今年，刚过完年，我就请公公婆婆来照看孩子，可是他们以自己身体不好为由没有来。我想请我爸爸妈妈来，老公又不愿意。这让我非常生气，非常伤心。

她的这番话信息量很大，此处可以着手的地方很多。我决定从孩子入手，因为孩子是所有问题的根源或焦点。

抚心人：那现在谁在看孩子呢？

冷雨枫：我们临时请了一个保姆。因为女儿今年要考高中，我必须挤出时间来陪女儿。虽然我们请的保姆挺好，但是工资太高，我们不可能长期请。我还是想请公公婆婆来照看孩子，可是他们总说自己身体不好。这让我很为难。

抚心人：他们真的身体不好吗？

冷雨枫：还好吧，没什么大问题，婆婆血脂有点儿高，但已经控制住了。我觉得，身体不好只是借口。

抚心人：那真正的原因是什么？

冷雨枫：可能是因为他们不好意思吧。毕竟我们之前吵过几次。

说到这里，她流露出尴尬的表情，慢慢地低下头。我判断，引起吵架的事情一定很重要。

抚心人：你们几次吵架所为何事？

冷雨枫：这都是三年前的事了。

抚心人：三年前发生了什么事，导致你们几次吵架？

冷雨枫：还能有什么事！就是我上次说的事。我知道，那件事可能是所有问题的根源，但与这个梦可能没有关系。老师，我现在更关心的是为什么我在梦里会冲着孩子发火，现实中没有发生过这样的事情呀。

她果然说话不算数，说要配合，问什么说什么，可是到了关键时候，总想逃跑。看来，她的确还没有做好说的准备，我还是不要太心急，先讨论一下她关注的问题吧。

抚心人：你最后这一句话说到问题的焦点上了。你不可能向孩子发火，那应该是在向谁发火呢？

冷雨枫：我老公，还是我自己？

抚心人：现实中，你确实对老公有愤怒，前面你说过了。那你对自己是否也有愤怒？

冷雨枫：还好吧。我不生自己的气，我只生别人的气。我有一种感觉……

抚心人：什么感觉？

冷雨枫：我感觉……我感觉，梦中的女儿可能指代的是我老公。

抚心人：何以见得？

冷雨枫：我老公做事缺乏主见，性格优柔寡断。平时，他话不多，很低调，心地善良，这一点和我女儿很相似。他最大的特点是

对父母孝顺，尤其对他妈妈，可以说是百依百顺，从来不敢有半点儿反抗。

抚心人：那你女儿呢?

冷雨枫：女儿虽然和爸爸挺能说得来，但和我关系也很好。女儿嘛，和妈妈总是会亲一些的。我教育女儿要坚强一些，不能做事犹犹豫豫，人云亦云，要有主见，她大多都能听进去。老公经常称赞女儿做事有主见。

抚心人：那你呢?

冷雨枫：我觉得我不够温柔，说话太犀利、太刻薄、太直接，做事太要强，不会转弯。有时候，我觉得自己像家里的主人，掌控着家里的一切。可是，有些事情并非和我想象的一样，可能会失控。

说到这里，我特别想持续地追问她：如果失控了，会怎么样？最严重的一次失控是什么时候发生的？当时的情景怎么样？但如果这样问，分析的方向就会发生改变，无益于她对睡错房间这个问题的理解。于是，我决定放下刚才的问题，先看看她对睡错房间这个问题能理解多少，再做打算。

抚心人：现在回过头来再看三个人睡错房间的事情，你会有什么样的理解?

冷雨枫：是不是说我们三个人的角色有些颠倒?

抚心人：能说得再详细一些吗?

冷雨枫：我觉得，男人在家里应该是顶梁柱，要坚强，有主见，但我老公不是这样的，有时候，我觉得他就像一个孩子；我呢，本想做个温柔的女人，可是许多事情都得我出面解决，我不得不坚强起来；女儿呢，本来可以无忧无虑地学习，可是她为家里人操心挺多的，有点儿像我，喜欢拿主意。我觉得，我们在家里的角色有些颠倒。

抚心人：嗯！你能接受这个角色颠倒的现状吗？

冷雨枫：当然不能接受，不然，我怎么会在梦里吼呢？

梦中她吼的是女儿，而女儿置换的是老公，所以她实际上吼的应该是老公。这个判断基本上没有问题，不过还要再求证一下才好继续往下分析。

抚心人：现实中，你对老公这样吼过吗？

冷雨枫：当然吼过。

抚心人：效果如何？

冷雨枫：只能说暂时有效，勉强能解决当下的问题，不能解决长远的问题，就像在梦里，我吼完之后，“她”暂时回到自己的房间里，后面会不会再次睡错房间就不好说了。

抚心人：现实中，你对老公吼的时候，他也对你吼吗？

冷雨枫：这是肯定的，他哪里会完全听我的，有时候我吼也没用。

抚心人：如果吼了也没用，你会怎么样？

冷雨枫：我会伤心，甚至会歇斯底里。

抚心人：歇斯底里？

歇斯底里，她终于主动提到这个词了，这是一个很有画面感的词。一个极度压抑之后突然爆发的人才可能会歇斯底里。什么样的遭遇会让她如此歇斯底里？

冷雨枫：是的，就是看起来像疯了一样。

抚心人：你歇斯底里过吗？

冷雨枫：有过。

抚心人：所为何事？

冷雨枫：唉，这本是几年前的事了，我都不想提，提起来就伤心。上次审梦快结束时你也提到了这件事，我当时没想说。你怎么今天又影射到这件事上了？

抚心人：或许这件事也很重要。你说呢？

冷雨枫：当然重要了，我一辈子也忘不了。

她说完便沉默了。两三分钟后，她突然抬起头来，泪流满面。没等我递上纸巾，她已经拿起茶几上的纸巾擦干了眼泪。我想，她准备要说了。

抚心人：究竟是什么事情？

冷雨枫：我刚才想说来着，突然不知从何说起。

抚心人：就从歇斯底里说起，如何？

冷雨枫：我还是从头说起吧。我和老公结婚比较早，我二十三岁就生了女儿。之后，我们没打算生二胎。但是，我老公老家在农村，传统观念比较重，公公婆婆想要个孙子。前几年，国家政策放开了，公公婆婆建议我们再生一个。我直接拒绝了，理由是：我年纪有点儿大了，三十六岁属于高龄产妇，我不想再冒这个险，何况女儿就要上初三了，她需要有更好的生活环境，我不能为了老二，耽搁了老大。

抚心人：你老公什么意见？

冷雨枫：他起初站在我这边，也同意不生二胎，因为我们工作都比较忙，精力很有限。可是，不知怎么回事，没过多久他又改了主意，说他也想再生一个孩子。我表示不同意的时候他没有当面逼我，而是悄悄找我父母说这件事了。

抚心人：你父母是什么意见？

冷雨枫：我爸也想让我再生一个，这是最让我抓狂的事。

抚心人：你母亲的意见呢？

冷雨枫：我妈让我们自己拿主意。我爸强烈要求我再生一个，他也是老观念，我没理他。我从小就对我爸逆反，他说什么，我偏不听。这件事本来与他无关，他却站在我老公那一边，这让我感到很无力。好像两家人没有一个人支持我，我突然感觉很孤独。我已经拿定了主意，坚决不生，谁爱生谁生去。

说到这里，她的眼泪又涌了出来，想必后面还有更令人惊心动魄的事情。因为说的这点儿事情不足以让她流这么多眼泪。

抚心人：为什么你的态度如此坚决？

冷雨枫：说真的，生孩子并不是一件容易的事。一方面，像我这样的高龄产妇生孩子要冒很大的风险；另一方面，我老公平时既抽烟、又喝酒，孩子的畸形率很高，万一生出来的孩子畸形或者脑子不聪明，我们后面的日子可怎么过呀！我可不想冒这个险。再说了，我们现在的生活刚刚步入正轨，我工作上刚有了新目标，孩子学习成绩也不错，马上要考高中了。这个时候，我如果为生二胎而分心走神，既影响自己，又影响孩子，还要冒风险，我觉得很不划算。

抚心人：仅仅是这些原因吗？

冷雨枫：你这话是什么意思？难道还有其他什么原因吗？

抚心人：我是说，他们会相信这些原因吗？

刚才的问法有些唐突，我本以为她能理解，没想到还是被误会了。幸亏我解释得及时，要不然这个分析可能就继续不下去了，她会误以为我已经有了先入为主的立场。这当然是不可以的。

审梦手记

作为审梦师，在分析过程中不仅要有客观、中立、节制的立场，而且必须一以贯之，贯穿始终，否则可能会导致前功尽弃，把分析带入僵局。

冷雨枫：你说得对，他们并不相信我的理由。正好那段时间赶上初中同学聚会，有一个同学对我有好感，他说初中时暗恋过我。我们的交往虽然比平时多了一些，但都是正常交往，我上次也说到了这一点。

抚心人：是的。你老公知道那个同学是谁吗？

冷雨枫：具体不知道，但他很生气，以为我因为与那个同学交往才不愿意生二胎，于是开始搜集证据，拿我是问，逼我就范。

抚心人：他是怎么做的？

冷雨枫：他跟踪我。

抚心人：发现了什么？

冷雨枫：什么也没发现。我想，他最多看见那个同学送我回家，在下车时亲了我一下。那件事我上次也说过了，是个误会。

抚心人：那段时间，你和他走得比较近，仅仅是因为他过去暗恋过你吗？

冷雨枫：不完全是，还有一个原因。我想考一个营养师的职业资格证，正好他办了一个这方面的培训机构，能帮到我，所以我们交往就多了一些。再加上他是我的同学，还说暗恋过我，我自然不能对人家太冷漠。

抚心人：这么说，你知道他是有企图的？

冷雨枫：应该是吧。但我相信我能把关系控制在正常范围内。一般我会尽量避免与他单独相处，如果没有其他人在场，我不会单独去见他，我也担心生出误会。没想到那次同学聚会后，他送我回家，还是发生了误会。

我想到了她上次来分析梦时所讲的事情，两件事情终于对上了。原来那件事的前半段是这么回事，又一个疑惑终于解开了。说了这么多，歇斯底里是怎么回事还没有说清楚，看样子这个方向是对的，不过还要继续往下走才能看到真相。

抚心人：所有误会就是从这里开始的吗?

冷雨枫：应该是的。从那以后，我和老公成天吵，我连工作和学习的心思都没有了。

抚心人：孩子知道你们吵架吗?

冷雨枫：不知道，孩子住校，每周回来一次。孩子回来的时候，我们就装着关系很好，孩子走了以后，我们才吵。那段时间，任何一件小事都可能导致我们大吵一架。我几乎天天失眠，精神有些恍惚，很长一段时间都吃不进去饭，整个人瘦了十几斤。我本来就瘦，只有一百斤，后来只剩下八十几斤了。

抚心人：看来吵架真的挺伤人!

冷雨枫：是的，很伤人。这件事我当时没处理好，把公公婆婆、我父母、表哥全都卷进来了。结果父母指责我，表哥不再理我，老公怀疑我，公公婆婆嫌弃我，所有矛头都指向我，所有压力都压在我身上。我很痛苦。

说到这里，她的眼睛又湿润了，手里捏着一团擦过眼泪的纸，揉来揉去，舍不得扔掉。

抚心人：那段时间你肯定很不好过吧！

冷雨枫：是的，那段日子我觉得自己一无是处，自卑无助，整夜焦虑失眠，白天茶饭不思。我觉得是大家都不理解我，难道这一切都是我的错吗？

抚心人：你也认为这一切都是自己的错？

冷雨枫：不，我坚信这一切并不全是我的问题。所以，他们越是强迫我做什么，我越是不同意。就这样，我和全家人僵持了差不多一个月，把自己折腾得都快没有人形了。有一天，我歇斯底里地发作了一回，又骂人，又砸东西，放声大哭，把家里人吓坏了。

抚心人：其间，你表哥和那个同学没有联系过你吗？

冷雨枫：表哥没有联系过我。那个同学打过一次电话，我没接。就这样，我感觉自己掉进一个黑暗的深渊。

抚心人：为什么说自己掉进了一个黑暗的深渊？

冷雨枫：从那天起，我的状态变得越来越差。突然有一天，我对自己说过什么话都没有记忆，整个人恍恍惚惚、昏昏沉沉的。家里人觉得我可能精神上出问题了，想带我去看精神科医生，我坚持不去。后来，我在家里又歇斯底里地发作了几次，还胡乱地说了一些话。我现在都不知道我当时说了些什么，只知道把家里人吓坏了。他们都认为我得精神病了，必须送医院治疗。

她一边低声说着，一边泪流满面，满脸的尴尬、无助和绝望。看到她这个样子，我心里顿生同情之意。不知道她家里人是怎么想的，为什么要这样反复刺激她，把她折腾成这个样子。

抚心人：后来呢？

冷雨枫：后来，我觉得自己的状态很不稳定。有时候我觉得和别人交流都很困难，有时候感觉好一点儿，一个人可以安静地看会儿电视。家里人不知道听谁说，我这种情况叫间歇性精神病。总之，我在他们眼里已经不是一个正常人了，他们铁了心要送我去医院。

抚心人：再后来呢？

冷雨枫：再后来，他们问我是否要去医院，我拒绝了，并把家里人大骂了一通。我内心有一种声音，我要找我朋友帮我，我不要去精神病院吃药打针，否则我就等于承认自己得了精神病，那是我无法接受的。

抚心人：你找到可以帮助你的朋友了吗？

冷雨枫：找到了。我给一个在省城医院的精神科上班的朋友打电话。他了解了我的情况后，说我是受刺激导致的，暂时不用去医院，建议我先去做心理咨询，最好让家人也参与。如果病情依旧得不到改善，再去医院接受药物治疗。另外，他还为我推荐了一个优秀的心理咨询师。

审梦手记

优秀的审梦师往往也是一名经验丰富的心理咨询师，所以，他们都明白一个道理：心理出问题并不一定只能通过服药来解决，个人的调节和家人的帮助都很重要，吃药和打针并非唯一的选择，而是最后的选择；当然，心理咨询也是一个值得考虑的重要选择。

抚心人：你去接受心理咨询了吗？

冷雨枫：没有。

抚心人：为什么？

冷雨枫：我那几天已经虚脱得不像样了，根本没有力气到处跑，就连向单位请假，都是打电话让同事帮助我请的。所以我暂时没有做心理咨询，想等状态恢复一些再去。

抚心人：那段时间家人们都在做什么？

冷雨枫：都在我身边，可以说是照顾我，想让我尽快恢复，也可以叫监护我，怕我做出极端的事情。

抚心人：什么极端的事情？

冷雨枫：我在向他们发火的时候，声称自己不想活了，想跳楼，估计他们都害怕了。我虽然知道他们是一片好心，但不领情，也不理他们。

抚心人：再后来呢？

冷雨枫：再后来，我的问题更严重了，据他们说，我开始神志不清，胡言乱语了。大家都害怕了，害怕耽搁了病情，于是强行把我送进精神病院。

听到这里，我心里揪了一下。不知不觉间，眼角有些湿润，我赶紧控制了一下情绪。

抚心人：你受苦了！

冷雨枫：谢谢老师！我相信你一定能理解我的痛苦。说来也怪，我进医院后，脑子变清醒了些，想到了《飞越疯人院》那个电影里的一些情节。我知道，短时间内我很难出去。于是，我想向医生证明我的问题没有那么严重，不需要吃药，不需要打针，可是……

抚心人：可是什么？

冷雨枫：可是医生哪里会听我的话，他们有自己的判断标准和治疗方案。老师，我好奇地问一下，你有没有去过精神病院？

我知道她这么问并不是攻击我，她可能只是想看我能不能理解她接下来要讲的话。所以我并没有生气，而是如实地告诉她我的经历。

抚心人：我去过，在里面待了三个月。

冷雨枫：啊！老师，你是怎么回事？

抚心人：我是去精神病院实习的。

冷雨枫：噢！哈哈哈！吓我一跳，你那么严肃地回答我，我以为你也住过精神病院呢。

她的表情突然变得有点儿夸张，看起来比刚才轻松一点儿。

抚心人：你在医院待了多久？

冷雨枫：差不多一个月吧。

抚心人：这些日子你是怎么过来的？

冷雨枫：本来我打算坚决不吃任何药物，也不接受任何治疗，但是里面的情况并不是我能掌控的。医生们见多识广，经验丰富，很快就综合运用各种手段让我吃上了药。接下来的日子是我最无助的日子，四肢无力，精神萎靡不振，除了吃药、吃饭、锻炼，剩下的就是睡觉。我整个人的情况比以前更糟糕了，心情无比灰暗，自杀的念头特别强烈。

抚心人：你没有把这种感受告诉医生吗？

冷雨枫：说了，但医生好言相劝，说刚开始吃药会有许多不良反应，过一段时间适应了就好了。他们根本不知道我说的是什么意思，甚至压根儿没有心思听我说话。

抚心人：接下来呢？

冷雨枫：虽然过了一段时间，我适应了一些，但经常恶心呕吐，吃不下饭，也吃不下药，体重严重减轻。我当时最担心的是我能不能活着出院，你知道吗？那阵子，我每天都痛不欲生，脑子里总想着自杀的事情，却不敢把这个想法告诉任何人，只能偷偷地写在日记本里。

抚心人：听起来你当时真的很无助，很绝望。

冷雨枫：是的，非常无助，非常绝望！和那些真正的病人住在一起，我觉得很危险。他们用异样的眼光看着我，对我说一些不着边际的话，吓得我不敢回应他们。

她说这些话时，先是《飞越疯人院》里的情节不断浮现在我脑海里，然后是"罗森汉恩实验"的画面出现在我脑海中。我判断，她可能是受到了一些现实的刺激，情绪失控，从而出现了一些精神病性的症状。这些症状往往都是一过性的、暂时性的，看起来很严重，实际上，外界环境的改善、及时的心理支持都有助于减轻症状，甚至消除症状。

抚心人：你和他们的问题产生的原因可能不太一样，为什么医院会把你和他们安排在一起？

冷雨枫：我也不知道，医院就是这样安排的。我曾经私下找我的主治医生说过几次，医生非但没有做出任何调整，反而悄悄地加大了我的药量。我彻底绝望了。现在想想，应该是我的表达方式让医生误解了。

抚心人：你住院后，你老公探望过你吗？

冷雨枫：来过两次，但我没有见到他。据他回忆，我住院期间，他悄悄地来过两次，恰好都碰上我刚吃过药午休的时间，我睡得很熟，他偷偷地翻看了我的日记，一句话也没有说，还流下了眼泪。

这时，她尴尬地笑了。我不知道她为何会笑。我把这个笑理解为，她觉得老公送她去医院的初心是好的。我继续沿着她老公的方向往下问。

抚心人：老公看了你的日记后，有什么变化吗？

冷雨枫：有一些变化，他可能意识到我的问题并没有他们想象的那么严重。我写的日记虽然都很短，但全是心里话，句句扎心，催人泪下，最主要的是日记里我的思维是正常的。可能因为这些日记，我的主治医生突然换成了一个略微年轻的医生。

抚心人：医生突然换了？

冷雨枫：是的。这个年轻的医生不仅能开药，还擅长心理咨询。听我老公说，他看了我的日记后托人找过主任，强烈要求换人。如果当时我知道这一切是我老公安排的，我一定会更反感，因为我还在恨他。幸好那个医生并没有提及我老公，只说治疗方案有所调整，并且他说话时言辞恳切，态度温和，让我感觉舒服很多。

抚心人：方案调整后，治疗效果如何？

冷雨枫：方案调整没几天，我的病情就有了很大程度的缓解，但依然会陷入痛苦中。出院前，我老公又来过一次，见到了我。我当面求他把我尽快带回去。他流着眼泪同意了。于是，我们第二天就回家了。

说到这里，她的语速变慢了，眼泪在眼眶里打转。我顺手递过一张纸巾，她的眼泪夺眶而出。我沉默了。大约三分钟后，她抬起头看我，好像期待着我继续说话。

抚心人：回家之后呢？

冷雨枫：医生给我开了许多药，让我按时吃药，定期复查。回家之后，我没怎么吃药，却感觉好了许多。

抚心人：回家之后，还发生了什么事？

冷雨枫：回家之后，老公哭着向我郑重道歉，他说他的生活里不能没有我。他已经和父母说好了，二胎不要了，坚决不要了，他要和我好好过日子。还说，我住院期间，他的心都碎了，度日如年，无法面对女儿的质问，无法面对亲朋的目光，无法向我爸妈交代。他还说，是他误会了我，他心里很矛盾，看到我歇斯底里的样子，他怕耽搁了我的病，不得已才送我去了精神病院，所以请求我原谅他。

抚心人：你怎么回应他的？

冷雨枫：我原谅了他。

抚心人：就这么简单？

冷雨枫：是的，因为我知道他是真心的。当然，我还做出一个重要的决定，你绝对猜不到。

抚心人：什么决定？

冷雨枫：我决定好好调理身体，准备生二胎。

听到这里，我确信自己无法猜到这个决定。看着她露出灿烂的笑容，我欣慰地笑了。

抚心人：剧情反转得太快了，我有点儿转不过弯来。你能不能告诉我，你的心里究竟发生了什么？

冷雨枫：也没发生什么。我觉得他终于理解我了，知道尊重我了，学会珍惜我了，开始保护我了。好像我心里之前别着的那股劲一下子消失了，整个人都感觉舒服了。

抚心人：那带回来的那些药呢？

冷雨枫：我回家后，只吃了三天，就把药停了。我觉得心病还得心药医。

抚心人：你停药后有什么不良反应吗？

冷雨枫：有一点点，不严重。

听到这里，我心里踏实了许多。我一直为她捏一把汗，但总算有了一个不错的结局。

抚心人：之后，你老公没再计较你和那个同学的事吗？

冷雨枫：本来就是一个偶然的误会，计较它做什么。后来，我告诉了他真相，他没说什么，这事就这样过去了。我们找了个老中医，调理了六个月。我的身体恢复得不错，很快我就怀孕了。怀孕之后，我觉得日子过得还是比较舒适的，我妈对我照顾得很周到。

抚心人：后来生了个男孩?

冷雨枫：是的，皆大欢喜。大家都挺喜欢这个孩子，都尽心尽力地照顾孩子，再也没有像怀孕时那么关注我了，这些我都能理解。虽然经历了那些事情后，我比以前成长了不少，但内心的伤疤依然存在。有时候，只要他们要求我做不愿意的事情，我心里就会特别难受，那种感受和住院前的感受相似，估计没有人能理解。

抚心人：你老公也不能理解吗?

冷雨枫：他基本上又回归原来的样子了。虽然他对我比以前好了，但我总觉得我们在家庭里的角色出现了错位，想改变，可是又无处下手，心里有一种无助感。

她的无奈我很理解，但是，改变家庭成员的关系，绝非分析梦就能完全解决，更多的还需要家庭成员一起努力。

抚心人：这种无助感和你住院时的无助感相比呢?

冷雨枫：很相似，所以我担心过去的情况再发生。

抚心人：不会的，梦里已经说清楚了，你很勇敢，没有哭，更没有歇斯底里，只是有些伤心。你说呢?

冷雨枫：嗯，你这么说，我就踏实多了。至于看孩子的问题，我想我会想办法说服老公，让他请他父母来。从我出院到孩子出生，他们只来过我家两次，每次都只待一会儿就走。我和他们说话，仅限于打个招呼。那段时间，孩子主要是我妈帮我们带的，可总让我妈帮我们带也不是个事儿呀。我想，这次实在不行，我就主动和公公婆婆当面谈谈，把之前的矛盾做个了结，然后正式邀请他们，毕竟他们都是长辈，也是要面子的人。

抚心人：挺好的策略，你愿意尝试一下吗？

冷雨枫：我愿意。老师，你觉得我能成功解决这个问题吗？

抚心人：你们是一家人，都想着好好过日子，有什么解决不了的问题呢？

冷雨枫：你说得有道理！感谢老师！呵呵呵，真没想到呀！

抚心人：没想到什么？

冷雨枫：没想到，你已经离梦很远了，几乎跑题了，我却感觉很好！这是怎么回事？

抚心人：梦从来都不是问题，问题永远都在梦外。你说呢？

冷雨枫：是的，已经体验过了。受教了！再次感谢老师！

抚心人：不用谢！那今天就到这里吧。

冷雨枫：谢谢老师！

说完，我便起身送她。她笑着站了起来，低下头把茶几上的水杯和废纸全部收拾干净，扔进垃圾桶，又把坐过的沙发用手抚平，这才慢慢起身。她在室内环视一周，像是一种深情的告别。大约两分钟后，她才一步三回头地慢慢离开了。

送走了她，我回到工作室，看着空荡荡的沙发，心头莫名地激动。从窗户望出去，远处的终南山依旧云雾缭绕，令人神往！我知道，听说莫如经历，登临莫若远眺，隔空眺望更能让人看到终南山的真面目。

19

精神病院里的正常人（三）

今天是一个值得高兴的日子，一大早，我听到三个好消息：第一个与剧本有关，影视公司的三个编剧从今天起正式成立项目组，开始动手编写《审梦师》的剧本；第二个与工作有关，经影视公司导演介绍，有一家科技公司招聘汪梦谨和苗审严去公司任职，主要负责研发心理机器人；第三个与梦者有关，冷雨枫昨天下午预约今天上午的分析。前两次她都是不期而至，这一次她能主动提前预约，这是一个积极的信号。她一连三次来分析梦，让我有了一种被信任、被肯定的感觉。只是不知道她今天会带来什么样的梦。

我刚看完冷雨枫的预约单，就听见清脆的敲门声。她如约而至。汪梦谨带着她进了工作室。和我简单地打过招呼之后，她便急切地坐下来。

冷雨枫：老师好，我就不绕弯子了，今天要报的梦比较长，我就直接报告吧。

抚心人：你准备好了吗？

冷雨枫：是的，我早已经准备好了。我把梦打印出来了，你看这张纸吧。我一边说，你一边看，这样方便分析。

说着，她从包里拿出一张纸，面带微笑地双手递给我。我接过纸，满满的一整页全是字，看来这个梦真的不短。

抚心人：好的，这是什么时候做的？

冷雨枫：前天晚上。这个梦比较长，梦是这样子的。在一个非常高大的祠堂里，外面阳光明媚，婆婆站在大门口。她好像掌管着一切，进进出出的东西都要经过她的同意才可以。我右手边站着一对母子，儿子有点儿饿，母亲想要带儿子离开去吃东西。婆婆拿一些没有营养的东西给儿子吃，被儿子的母亲拒绝了。就在这时，突然窜出来一个身着黑煤衣的陌生男子，差点儿撞我身上。我躲闪了一下，跟婆婆说，“他身上有煤灰，刚才沾到我身上了。”婆婆尴尬地笑了一下说，“没关系，拍一拍就好了。”这时突然感觉好像孩子的爸爸在附近看着这里的一切，但不知道他具体在哪里。

场景一转，我和婆婆坐在一辆轿车的后排座上，二姐夫坐在副驾驶上，一个陌生男人开车。婆婆说要回去取东西，她冲正在开车的司机叫了一声。司机回头的瞬间，婆婆从手里拿出一包粉末，吹向司机，司机就晕倒了。婆婆示意我二姐夫开车，把昏睡的司机放在我身边，然后婆婆就不见了。二姐夫开着车往回走，我担心路线有问题，就想记住路程，但是对自己的记忆力有些担心。突然，我发现我身边昏睡的司机是在装睡，他手里拿着一个非常高档的手机在偷拍，还用心语和我交流，“我必须用手机记录下这罪恶的全景。”我不敢说话，在心里默许了他的行为，替他担心，也为他骄傲。

场景又一转，我正路过一所中学的门口，有一个女孩被人推出校园大门。女孩向我哭诉着自己的不幸遭遇，说自己是被冤枉的，具体为什么事情，我也说不清楚。很快又有一个声音说，女孩可以继续上学。我有点儿担心女孩的状态，但是我分身乏术，只能远远地观察着。我好像隐约地听到那个女孩被诊断为“精神病”。然后我就醒了。醒来后我就特别担心。

这个梦确实比较长。她报告梦的语速比较快。起初，我听完后一头雾水，不知道从哪里入手才好。幸好发现梦的最后一部分情绪色彩比较浓厚，于是决定从此处着手。

抚心人：梦的最后一部分说你在为一个上中学的女孩担心？

冷雨枫：是的，我很担心。

抚心人：这种担心现实中有吗？

冷雨枫：有。

抚心人：你担心谁？

冷雨枫：我女儿。

抚心人：你女儿？

冷雨枫：是的，我感觉梦的最后一部分提到的女孩就是我的女儿。

抚心人：现实中，你女儿怎么了，会让你如此担心？

冷雨枫：我想，这种担心应该和上次我说的事情有关吧。

抚心人：能详细地说说吗？

她微微地咳了一声，清了清嗓子，身体略微前倾，然后开始说话。

冷雨枫：前面我说过，在我被送进精神病院前，我在家里和老公吵了很多次。其中几次歇斯底里式发作时，大脑并不清楚，我当时不知道女儿在家里。她被我吓得躲进卫生间不敢出来。我知道后特别后悔。我觉得女儿有时候跟我们发火时，也有一些歇斯底里的表现。她虽然平时看起来很文静，但有时发起火来很像我那段时间的表现。这真的很吓人。

抚心人：她在学校里发作过吗？

冷雨枫：有，班主任不久前给我打过一次电话，说孩子和班里的一个女孩为一件小事吵架，居然歇斯底里地吼起来，把大家都惊到了。老师还告诫我平时要注意加强对孩子情绪的调节。我为此紧张起来。

抚心人：她从什么时候开始有歇斯底里的表现？

冷雨枫：没太留意！我总觉得我和老公的事已经过去了，没想到这孩子居然受到这么大的影响。对了，我想起来了，她的这种表现大约在我出院半年后就有了。起初，我没有把这件事和我住院那件事联系起来。最近一段时间，我听了一些心理学的网络课程后，才有了这样的担心。

说这些话时，她的表情非常严肃。能看出来，她真的很为女儿担心。

抚心人：你真正担心的是什么？

冷雨枫：梦里提到了“精神病”，我对此有些担心。或许那只是歇斯底里的代名词，因为我之前歇斯底里发作的时候，也被人误解为“精神病”。我这样理解对不对？

抚心人：女儿有没有告诉你，她和同学之间到底发生了什么事情？

冷雨枫：据女儿反映，一个同学背后议论她和一个男生谈恋爱，而我女儿说事实并不是那样的。班上有一个男生给她扔了一个纸条，确实表达了喜欢之情，被我女儿严词拒绝了。那个女同学不知道具体情况，只看到了传递纸条就妄下结论，所以我女儿才生气。她忍了很久，感到很冤枉，并且无处表达才发作的。

抚心人：你有没有觉察到女儿与你的相似之处？

冷雨枫：嗯，觉察到了，都是因为感情的问题，都是在被冤枉之后无处诉说，才有这样的表现。对了，那是不是说，如果她有更多的倾诉途径，或者能正确地沟通和表达，就不会有这些问题了？

抚心人：这就像你和你老公之间的问题，如果你当时能恰当地表达，坦诚地沟通，不要急于发火，即使他会生气，也不至于让事情发展到如此失控的地步。你说呢?

冷雨枫：是的，本来一切都还好，表哥动手打了我老公之后，情况就变复杂了，这才逐渐失控。

她把事情扯到表哥身上，我觉得有些突兀。于是我快速看了一下写在纸上的梦，又综合前面两个梦的分析，我注意到，表哥在整件事情中就像一个匆匆而又鲁莽的过客，留给梦者的只是一些负面影响。今天这个梦开始的部分谈到的那个穿着黑煤衣的陌生男子，在梦中的行为对梦者也有一些影响——把煤灰沾到梦者身上了。这两者之间的关联不言而喻，呼之欲出。可能我加以引导，她就能理解。

抚心人：对了，我记得你之前说过，你表哥在煤矿上工作。

冷雨枫：是的。哎呀！你这么一说，我突然想到梦中提到的那个身着黑煤衣的陌生男子可能就是我表哥。

抚心人：何以见得?

冷雨枫：我表哥在煤矿工作，衣服上自然会沾上黑煤灰，所以梦中的那个穿着黑煤衣的男子肯定是我表哥。

抚心人：既然是表哥，那为什么梦里还要说他是陌生男子?

冷雨枫：呃……或许是因为表哥这次没有像过去一样帮到我，还让我经历了那么大一场风波，这或多或少会让我对他产生一种陌生感吧。

她的解释听起来很有道理，我心里也很信服。由于她今天理解梦的主动性很强，领悟的方向也很准确，所以我打算趁机多追问几个问题，以加快分析进程。

抚心人：有道理！那你和婆婆的对话怎么理解呢？

冷雨枫：我觉得这一点和现实很对应。上次我说过，我和表哥的关系让家人产生了误会，对我造成了一定的负面影响。我从医院出来后，婆婆主动和我聊过一次，我趁机向她解释了我们的关系。她表示能理解，还委婉地向我道了歉。我原谅了她。

抚心人：那你老公怎么看这件事？

冷雨枫：他没说什么，好像婆婆不生气了，他也就不生气了。他就是一个妈宝男，太听妈妈的话了。

抚心人：婆婆是一个什么样的人？

冷雨枫：婆婆这个人，精明、强势、勤劳、善良、灵活，在家里的威信比较高，就是没有文化，有时候说话把握不住分寸，比较刻薄，容易伤人。虽然她看起来并没有掌控整个家，但实际上大家都以她的意见为准。就连我公公，一个上过大学的人，也唯她马首是瞻。

抚心人：看来你婆婆确实是一个不简单的人。你二姐夫也听你婆婆的话吗？

冷雨枫：也听。二姐夫，也就是我二姑姐的老公，说来也怪，

我们平时见面很少说话，不知道为什么他会出现在我们的车里。

抚心人：平时，你们出行时，车里的座位是怎么安排的？

冷雨枫：一般都是我老公开车，我公公坐副驾驶，我和婆婆还有孩子坐后排座。

车上所有的格局都和平常一样，只有驾驶位和副驾驶上的人和现实对不上号，一个是陌生男人，一个是二姐夫。我想，这两个人物很有可能置换了现实中的两个人物。

审梦手记

俗话说，事出反常必有妖。这句话同样适用于审梦。审梦师如果发现梦境中出现一些反常的内容，不要轻易放过。所有的反常都是分析的重点，其中必定隐藏着重要信息。找到这些隐藏的信息，梦的分析必然有所突破，甚至会迎刃而解。

抚心人：二姐夫是一个什么样的人？

冷雨枫：二姐夫是个暴发户，有钱，但没有主见，特别听我婆婆的话。

抚心人：你公公也听婆婆的话吗？

冷雨枫：非常听，他唯我婆婆的命令是从，自己缺少主见。我在想，二姐夫会不会代表的就是我公公？只是，只是我公公不会开车呀，这又怎么讲？

抚心人：他会不会开车并不重要，重要的是，在这个家里，他按照婆婆的意思去做事。梦中开车只是一种象征性表达，表示在情感、婚姻或家庭中有主动权或控制权。这样说，你能理解吗？

冷雨枫：这么说，我就明白了。在我们家，婆婆是老大，公公是老二，我是老三，老公是老四。如果以此来推论，那个开车的陌生男人就是我老公了。

她的推论很严谨，思考也很积极，眼睛不停地转来转去，看起来思维非常活跃，而且说话的语气显得比较肯定。我决定继续引导她。

抚心人：自从那件事之后，你和老公有陌生感吗？

冷雨枫：应该说有点儿吧。

抚心人：可以说说吗？

冷雨枫：是老公同意把我送进精神病院的，这一点让我至今也无法完全想通。可能我的症状有点儿严重，把他吓着了，他也是一片好心。但是，他强行送我去医院，不愿意听我解释，也不和我沟通，对此，我心怀愤怒。可能就是这个愤怒让我们之间有了陌生感吧。

抚心人：真的是你老公想把你送进精神病院吗？

冷雨枫：当时是他开车送我的，我记得这件事。公公婆婆都去了。

抚心人：最初做这个决定的也是他吗？

冷雨枫：不是他还会是谁？

她说完这句话，突然停顿下来，眼睛盯住前方，愣住了，好像脑子里突然想到了什么。

抚心人：你想到了谁？

冷雨枫：难道是婆婆？

抚心人：是婆婆？

冷雨枫：我和老公吵架的时候经常会质问他："你妈是不是给你灌了迷魂汤？"梦里说婆婆向司机吹了一包粉末，把司机吹晕倒了，我觉得这一点和平时的情形很相似。

抚心人：平时是什么情况？

冷雨枫：平时，他明明已经答应我要去做一件事情，只要在做之前去一趟他妈那里，回来可能就变了，因为婆婆说服了他。

抚心人：他真的很佩服他妈妈的观点吗？

"佩服"这个词，我觉得用得有点儿不够准确。因为这个词的使用是基于我的理解，而不是出自她的口中，所以用了这个词之后，我有些后悔。

冷雨枫：应该不是佩服，而是被征服，是不得不服从婆婆的意志。因为婆婆做事常常不达目的不罢休，还会综合运用各种手段。老公从小就怕他妈妈。

抚心人：照你这么说，送你去医院的主意会是谁出的呢？

冷雨枫：那还用说，肯定是婆婆了，要不然还会是谁呢？

抚心人：婆婆这么做的动机是什么呢？

冷雨枫：动机很清楚！她一心想让我生一个男孩。当然，这也是我公公的意思，他们的传统观念很重，认为家里没有男孩就没有人传递香火。对了，说到这里，我突然想明白一个问题。

抚心人：什么问题？

冷雨枫：为什么梦中出现了祠堂？这是因为，按照我老公老家的规矩，家里没有儿子，去世之后，就有可能不会被供到祠堂里。前不久，我们回老公的老家时，无意中听一个叔叔提到这个说法。所以，以前我婆婆劝我生两个孩子，表面上说两个孩子长大了有个伴儿，实际上她是想让我生个儿子，因为她考虑的是未来的事情。

她突然想到这个“祠堂”问题，确实让我惊讶，看来她的思维很严密，对梦的领悟很有节奏感。

抚心人：原来是这样呀！那你老公是怎么想的？

冷雨枫：我老公接受过高等教育，有新的观念，但从小在农村长大，受传统观念影响很深，内心很矛盾，不爱操心家务，又缺乏主见。所以，家里大大小小的事都是婆婆说了算。他有时候忍气吞声，有时候故意装糊涂，睁一只眼闭一只眼。有时候他也想反抗他妈，但常常敢怒不敢言。

抚心人：那在送你去医院这件事情上，你老公是忍气吞声，睁一只眼闭一只眼，还是敢怒不敢言呢？

冷雨枫：我觉得都有。起初我老公不同意，后来被他妈说服了。他虽然不愿意，但也没办法。只是大家没想到，事情会闹成这样。我老公会怪他妈，会把账记在他妈头上。但是，这又能怎么样呢？到头来还不是得继续忍受着？

抚心人：照你说的来判断，虽然是你老公送你去的医院，但是他真实的态度并不十分坚决，或者说他在装糊涂，是这样吗？

冷雨枫：我觉得是，他的态度就像车上那个装睡的陌生男人一样。

抚心人：既然他在装睡，为何梦中还说他用心语和你交流，这又怎么解释呢？

冷雨枫：是不是说老公虽然听了婆婆的话，送我去了医院，但是我们夫妻俩依然心灵相通？

抚心人：你们心灵相通吗？

冷雨枫：当然了，我们是夫妻嘛！在医院那段时间，我心里唯一的指望就是他了。其他人都认为我得了精神病，必须要住院吃药，只有他还想着找人帮助我安排心理咨询，还算没有让我彻底失望。

抚心人：从某种意义上讲，你老公并没有完全听他妈妈的话。

可以这样理解吗?

冷雨枫：是的。我记得老公来医院探视我的时候，看到我处在那样一种环境中，他非常难受，说过一句话：“这简直是犯罪。”我当时不理解他在说谁，也没有多问。现在感觉，他应该是在说我婆婆。

抚心人：那你不担心老公和婆婆为此吵架吗?

冷雨枫：不担心，如果他敢和他妈吵架，我觉得这也算是一种成长，我会为他骄傲的。

她说到这里，我微微地笑了。我很高兴她能有这样的领悟。我觉得这个梦各个部分的意思已经探讨清楚了。但是，我不确信她能否理解这其中的潜在逻辑关系。她若能理解，还可能会从各段梦之间的逻辑关系中获得新的领悟，这就像把已经打好孔的珍珠穿起来才能看到美丽的项链一样。

抚心人：我觉得到这里，梦的各个部分的意思都已经清楚了，你能把各个部分串起来吗?

冷雨枫：我不知道自己行不行。

抚心人：你愿意尝试一下吗?

冷雨枫：我试试。梦的前面两段说婆婆是家里非常强势的人，她为了让我生一个儿子，以继承家里的香火，就想着法子逼我们就范。我和老公都不会处理事，不仅把表哥扯了进来，还害得自己住进了医院。虽然这件事情是我婆婆在背后主使，但是我老公亲自把我送进了医院。看到我在医院的痛苦遭遇后，老公痛恨婆婆，于是给我想办法，帮我换医生，接我出院，并放弃生二胎的想法，终于拯救了我。这让我非常感激。可是最后一段说的是我女儿和同学之间有误会，不知道如何表达情绪，我也不知道如何应对这样的情况，所以就着急地醒了过来。

抚心人：很好！你对梦的三个部分的理解很精练、很准确，但是没有揭示它们之间的逻辑关系。你知道潜意识为什么要如此安排梦的结构和顺序吗？

听我这么问，她抬起头来疑惑地看着我，好像在等待我告诉她结论。我没有直接说。沉默了大约两分钟，她终于说话了。

冷雨枫：你这么问的时候，我又在大脑中快速地梳理和思考了一遍，我觉得我的经历和女儿的经历有两个相似之处。

抚心人：哪两个？

冷雨枫：第一个是，我和女儿都是被冤枉或误会的，才会有歇斯底里式的情绪表达；第二个是，我们都是因为沟通不畅才出了问题，所以，我觉得沟通才是我们的核心问题。

抚心人：你们沟通上有什么问题？

冷雨枫：我们沟通时，情绪表达和内容表达不匹配，怎么说呢？就是说，在表达内容时本来只需要一分情绪，但我们表达出来时往往有四五分情绪。这个时候，我们的沟通对象就不关注内容了，而会把精力集中在我们表达的情绪上。

抚心人：沟通对象把精力集中在情绪上会带来什么结果?

冷雨枫：对方就不听我说什么了，而是想方设法来表达他们的情绪，这样一来一往，就容易争执起来。最后沟通就变成了无效沟通。

抚心人：嗯！领悟得不错，认识很深刻！

冷雨枫：呵呵，不怕你笑话，我在网上听课时，有个讲情绪管理的老师是这么说的。我觉得和我的情况比较相似，也特别认同，刚才就卖弄了一下而已。不过，说实话，我和我女儿都存在这样的问题，就是我们俩沟通的时候，经常声音会很高，不知实情的会以为我们在吵架。看来，我们都得好好改一改了。

抚心人：是呀，前面有这么深刻的教训，或许是时候改一改了，你说呢?

冷雨枫：嗯。我会改的，必须得改，一定得改。我和老公、婆婆最后能和解，也是因为有了真诚的沟通。现在，我要解决女儿的问题，估计也得靠真诚的沟通才能处理好。

又是一个非常棒的领悟！这正是我前面耐心启发她，并想让她领悟到的意思，也是整个梦境所传递出的深层意思。

抚心人：太棒了！你的领悟太有意义了！你现在还担心吗?

冷雨枫：谢谢老师！现在心里踏实多了！如果说还有一点儿担

心的话，就是怕我坚持不好。要不然，我和女儿商量一下，一起改变，让老公监督。

抚心人：这听起来是一个不错的主意！

冷雨枫：太好了！谢谢老师。

抚心人：不用客气。

冷雨枫：再次感谢老师！给你添麻烦了。

抚心人：不客气！

她慢慢地站起来，目光扫视一周之后，最后停在窗外的终南山上。我也站起来，看向窗外，只见天空晴朗，万里无云，终南山巍然屹立，宛若一幅珍贵的自然山水画，更像审梦工作室的生态大背景。这一刻，我突然想做一首小诗来表达心中的感慨。可惜诗未想好，她就转过身来，一边面带微笑着往外走，一边感叹："每次都是来去匆匆，居然不知道窗外还有这么美丽的风景！"我一边陪着她往外走，一边笑着答道："美景一直都有，只是你顾不上欣赏而已！"她若有所悟地点点头，向我挥手道别。

送她出门后，我回到工作室，伫立窗前，举目远眺，不一会儿，一首七言绝句溜了出来：

伊人看梦云中月，

我若析来雾里龙。

试问功夫深几许？

审出意义两三重。

后记 | EPILOGUE

写一本书就像生孩子一样，做决定时很艰难，怀孕过程很煎熬，分娩时刻最痛苦。一胎还勉强好说，二胎就比较犹豫了，三胎就会力不从心，即便个人有主观意愿，政策也放开了，生三胎也还是要经过慎重思量、反复权衡后才敢付诸行动。在出版了《释梦：认识未知的自己》和《梦的解析：从释梦到审梦》之后，要不要再写第三本书？该如何去写？写完会有什么效果？就像有些人生三胎一样，我再三思量之后才最终下定了决心。

如今，书虽然已写完了，我却心有余悸。我一直担心自己在写作过程中突然放弃。这种念头曾多次困扰过我，好在老师的鼓励、朋友的支持、读者的期盼，都纷纷化作力量之源，让我最终坚持了下来。

为了能与之前的两本书的风格有所区分，增强本书的可读性和实践性，我特意在书中增加了一些艺术和文学的味道，虚构了个别人物、场景和故事，目的就是让读者在阅读时不至于感觉太过于单调和烧脑，有兴趣把书读下去。如果有读者觉得这种写法有什么不妥，诚心恳请大家多提宝贵意见！我将认真听取你们的意见，努力改进，争取在今后创作出更好的作品！

如果大家在读完本书后，对审梦产生了兴趣，那就请继续关注我的动向。《镜遇：审梦师梦境分析手记》还有后续的第二部、第三部、第四部……内容会覆盖家庭教育、自我成长和职场关系等方面。也希望我的作品能为大家带来更多收获和成长。

再次感谢大家的关注与支持！

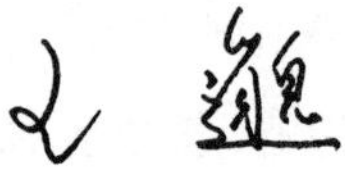

2021 年 11 月 19 日于咸阳